美国畜禽粪肥还田
——政策、技术与实践

[美] Bryan Lohmar　杨军香　主编

THE POLICY, TECHNOLOGY, AND PRACTICE OF
RETURNING ANIMAL MANURE TO THE FIELD IN THE UNITED STATES

中国农业科学技术出版社

图书在版编目（CIP）数据

美国畜禽粪肥还田：政策、技术与实践 /（美）楼瑞恩，杨军香主编. -- 北京：中国农业科学技术出版社，2024.8
ISBN 978-7-5116-6853-0

Ⅰ.①美… Ⅱ.①楼…②杨… Ⅲ.①粪肥－废物综合利用－研究－美国 Ⅳ.① S141.1

中国国家版本馆 CIP 数据核字（2024）第 111110 号

责任编辑	闫庆健　张诗瑶
责任校对	马广洋
责任印制	姜义伟　王思文
出 版 者	中国农业科学技术出版社 北京市中关村南大街 12 号　邮编：100081
电　　话	（010）82106632（编辑室）　（010）82106624（发行部） （010）82109709（读者服务部）
网　　址	https://castp.caas.cn
经 销 者	各地新华书店
印 刷 者	北京地大彩印有限公司
开　　本	185 mm×260 mm　1/16
印　　张	8.5　彩插 2 页
字　　数	218 千字
版　　次	2024 年 8 月第 1 版　2024 年 8 月第 1 次印刷
定　　价	128.00 元

版权所有·侵权必究

美国畜禽粪肥还田
——政策、技术与实践
编委会

主　编：

Bryan Lohmar	美国加州州立理工大学 教授
杨军香	全国畜牧总站 研究员

副主编：

Richard Gates	美国伊利诺伊大学 教授
Ted Funk	美国伊利诺伊大学 教授
Teng Lim	美国密苏里大学 教授
熊一杰	美国内布拉斯加大学林肯分校 助教
刘　容	美国谷物协会北京办事处 项目经理

编　者：

Bryan Lohmar　　杨军香　　Richard Gates　　Ted Funk
Teng Lim　　熊一杰　　刘　容

目 录

第一章 政策与标准 ... 1

一、美国集约化动物养殖场粪便零排放：法规、技术支持和生产者教育 ... 1

二、美国畜牧业零排放系统发展的示例文件 ... 4

三、建立养分管理计划 ... 11

四、养分管理计划相关不确定因素 ... 26

五、环境保护局（EPA）管理的许可证计划：国家污染物排放削减制度 ... 32

六、美国自然资源保护局——保护条例标准——养分管理条例号：590 ... 60

七、密苏里自然资源部 密苏里集约化动物养殖场（CAFOs）养分管理技术标准 ... 68

八、美国伊利诺伊州自然资源保护局 保护条例标准——养分管理条例号：590 ... 77

第二章 实用技术 ... 87

一、"零排放"施肥量计算方法 ... 87

二、猪粪"零排放"施肥量示例 ... 92

三、在中国推广粪肥还田的注意事项 ... 123

第三章 典型案例 ... 125

美国猪场"零排放"还田利用案例 ... 125

第一章 政策与标准

一、美国集约化动物养殖场粪便零排放：法规、技术支持和生产者教育

以下是用于执行美国集约化动物养殖场粪便零排放的水质量法规的发展过程和评估标准的总结。

法 规

1948年的《联邦水污染控制法》是美国第一个用于解决水污染的主要法规。1972年，此法有了一些主要的修订，这条法规成为熟知的《清洁水法案》。2003—2008年此法作了重要的修订，明确强调和影响了大型畜禽养殖场（集约化动物养殖场或CAFOs）行为。

美国几乎所有的大型养殖场都被要求不能排污至公共的地表水体，如湖泊和河流。这是通常被称为"零排放"的要求。而城市所产生的废水和许多工业废水将会把水中污染物处理至特定极限，然后排放至小溪或河流，但养殖场不采用处理废水排放标准的做法。

为了保持畜禽养殖场的零排放状态，法规强调了污染物排至地表水的两个主要因素：(1)限制主要污染物的移动——氮和磷，田间和把粪便当作肥料使用的其他地区，定义为"粪便施用区域"，(2)管理这些区域，包括畜舍、粪便储存及周边的设施（或"生产区域"），以致不排放任何污染物（不仅仅是粪便）至地表水。

联邦监管机构——美国环境保护署（EPA），负责监管《清洁水法案》的条款实施，也就是说，防止任何个人和工业污染地表水。为了履行它既定的职责，在某种程度上承认各州的权利和义务，以及承认各州不同的气候和农业模式。美国环保署在每个州指定一个机构来制定和实施适合本地区的监管细节。每个州的这些指定的机构通常会完成检查农场、处理公民投诉、通过缓解和/或强制措施来遵从法规。

各州指定的污染防治机构在编写各州具体的规则时，会邀请各州的利益相关者参与

（如畜牧生产者团体、环保人士团体、大学科学家、教育工作者和其他人）。这些法规是美国环保署根据联邦一级来修订的；各州关于污染防治的法规至少需要与联邦的法规一样严格，但各州的法规在某些细节上可能会比联邦法规更严苛。这一过程通常导致各州编写一系列适合该州形势的法规。

制定一个养分管理计划（NMP）是一个牧场实行"零排放"的基础。下述是一般因素，包括联邦《清洁水法案》中的集约化动物养殖场法规部分，并且各州的法规中还有具体细节的进一步阐述。

监管施用粪便的区域

- 粪便施用地点的特性影响养分的运输和环境。这些特性包括诸如避让距离、营养缓冲区、水渠和其他通往地表水的沟渠、土壤特性和土壤侵蚀控制。
- 粪便中的养分含量及利用，包括养分施用至土地（粪便施用量）和特定的作物/土壤系统的需求（作物养分吸收）之间的平衡，以提高作物产量同时最小化环境影响。
- 粪便的施用方法和时间，使用公认的最佳方法以使粪便中的养分提供给作物，同时减少环境风险。
- 认可施用区域的可变性（当地的/区域的作物、土壤、地势和气候的差异）和更新或修订管理惯例的可能性。那样在编撰法规时比预想的要更好。
- 气味管理和其他方法以减少对邻居的不利影响，例如，当施用粪便时，在住宅和敏感地区建立最小避让距离。

监管生产区域

- 粪便储存计划的要求；确保储存设施足够大并且结构上安全。因此不会使储存设施中的粪便排放至环境。在有些州，除污染防治当局外，很多机构编写他们自己的关于粪便储存的建筑标准，特别是大型畜牧养殖场的粪便储存设施。
- 生产区域的其他要求，如化学品的排放、动物尸体处置场所以及其他潜在的污染源。

关于整个牧场的经营

- 常规的粪便和土壤采样、农场记录保存和应急计划（例如，万一粪液溢出该如何应对）等要求。

技术支持

美国的畜禽养殖者在养分管理计划和牧场改进方面可从许多公立机构和个人获得帮助。自然资源保护局（NRCS）是公共资金资助的主要提供来源之一，是美国农业部的一个分支。NRCS 在每个州都有员工。美国自然资源保护局的主要任务是协助私人土地所有者保护自然资源。

以下是 NRCS 如何运作的一些基本原则

● 每个州在联邦自然资源保护局的指导下工作，但各州建立自己的技术规范，因此各州和地区差异是被认可的。例如，联邦有一个 NRCS 590 养分管理条例标准，伊利诺伊州也有一个相同名称的 NRCS 590。伊利诺伊州的标准被认为是一个州层面的具体标准，履行联邦标准的所有主要目标；但各州的标准又包含该州不同的利益相关群体提出的细节。

● 参加 NRCS 项目是自愿的，NRCS 没有监管权。

● 当地、州和联邦机构和决策者可获得或使用 NRCS 的专业知识。

● NRCS 为农场客户提供以科学为基础的技术援助；与各州的农业院校有着密切的工作关系。

● NRCS 提供的援助满足一个农场客户特定的需求和目标，经常使用"NRCS 品牌"计划模板，如综合养分管理计划（CNMP）。

● 有些项目有多方面的财政激励。大多数农场项目都是与当地的合作伙伴完成的，如当地的环境保护区。

● NRCS 开发各种技术工具和手册供公众使用。如农业废弃物管理计算器和养分管理计划软件工具。

为畜牧生产者提供教育和培训

美国的推广教育有一个独特的系统，它是美国农业部和州立大学之间的一种合作协议，称为赠地大学。水质保护的推广教育是这些大学使命中的一部分。很多国家的农业推广是农业部的职责，与大多数国家不同，这些机构承担各自州的推广项目。因为与州立大学的这种关系，畜牧生产者的教育和培训在每个州都是不同的。若某个州的某个畜种的数量很大，通常会花费更多的资源在该行业上。例如，艾奥瓦州（美国第一大生猪生产州）有一个较大的推广中心关注生猪生产者，在威斯康星州（美国第二大奶牛州）有一个关注奶牛生产者的推广中心等。

有些州的推广教育工作者积极推动畜牧生产者应用研究成果以进一步发展管理实践。各州的推广专家经常参与区域的工作以满足生产者和环保团体的需要。一个州的推广项目和该州的 NRCS 团队通常是互补的，充分利用每个机构的长处和任务。NRCS 提供特定的技术项目支持，推广中心提供教育规划，共同完成应用研究并帮助发展和更新最佳管理实践。

二、美国畜牧业零排放系统发展的示例文件

联邦法律

该文件为禁止污染美国水域提供了国家法律基础。

出版物	来源	受众	引用	注释
《联邦水污染控制法》（美国法典 33U.S.C.1251 及以下）[2002年11月27日，经公法 107-303 修订]	美国环境保护局，在"联邦公告"中发表	政府机构和公众	https://www3.epa.gov/npdes/pubs/cwatxt.txt	是畜牧业"零排放"的基础

联邦法规（规则）

美国国家环境保护局依据这两份规则来对畜牧业尤其是被视为污染点源的集约型动物饲养场（但仅在排放时才可视为污染源）强制执行联邦法律。这些规则还就农业雨水泾流污染这样的例外情况制定了相关条件和限制。

出版物	来源	受众	引用	注释
2012年7月30日，第122部分（汇编了2003年和2008年集约型动物饲养场最终规则）《环境保护局管理的许可证计划：国家污染物排放削减制度（NPDES）》	美国环境保护局	政府机构、顾问、计划制定者	https://www.epa.gov/sites/production/flles/2015-08/documents/cafo_final_rule2008_comp.pdf	第122部分和第412部分是各州制定集约型动物饲养场相关规则的基础。第122部分对"排放许可证"制度进行了介绍
第412部分，"集约型动物养殖场点源污染分类"	美国环境保护局	政府机构、顾问、计划制定者	同上述文件	

各州法律

各州就牲畜圈养设施制定的立法通常：（1）限制动物饲养设施的规模和选址；（2）保护州内的自然资源（尤其是地表水和地下水）免受动物生产等农业活动造成的污染。若各州已在州内制定了环境保护法，这些法律对美国水域的污染保护措施至少要达到和联邦法规一样的要求。有关范例请参阅下表：

出版物	来源	受众	引用	注释
510 ILCS 77/ 《牲畜管理设施法案》	伊利诺伊州法律汇编（ILCS）	伊利诺伊州政府机构、顾问、生产者、公众	http://www.ilga.gov/legislation/ilcs/ilcs3.asp?ActID=1720&ChapAct=510%AOILCS%A077/&ChapterID=41&ChapterName=ANIMALS&ActName=Livestock+Management+Facllltles+Act%2E	该法案对生产设施选址、粪便存储设施修建、粪便养分管理和生产者培训等做出限制规定
(415 ILCS 5/) 《环境保护法》	伊利诺伊州法律汇编	伊利诺伊州政府机构、顾问、生产者、公众	http://www.ilga.gov/leglslatlon/llcs/ilcs4.asp?DocName=041500050HTlt.+III&ActID=1585&ChapterID=36&SeqStart=23500000&SeqEnd=25200000	该法禁止污染伊利诺伊州水域
65-171d. 水污染防治、标准、许可证、特例、指令、听证、上诉、费用以及有关圈养设施的建造前注册、间隔距离要求、特例等	堪萨斯州法令	堪萨斯州政府机构、顾问、生产者、公众	http://kansasstatuses.lesterama.com/Chapter_65/Article_1/65-171d.html	该法对生产设施选址做出限制规定

各州法规

美国50个州中除少数几个外均设有相关政府机构（"州水污染控制机构"），这些机构已获得联邦政府授权在各州制定和执行相关规则，以体现更具普遍性的联邦污染控制规则。未专门设立污染控制机构的各州可与美国环境保护局区域办公室共同开展工作。

下表列出了部分州所制定的牲畜圈养设施污染控制规定。

出版物	来源	受众	引用	注释
第35卷副标题E：与农业相关的水污染	伊利诺伊州污染控制委员会：伊利诺伊州环境保护局	伊利诺伊州的政府机构、顾问和生产者	http://www.ipcb.state.il.us/SLR/IPCBandIEPAEnvironmentalRegulations-Title35.aspx	对较小型设施的选址以及所有设施运营中的污染控制、集约型动物养殖场许可证项目、粪便储存设施建设标准等做出规定（第501至第580部分）
第8卷"农业与动物"第1章"农业厅"第t节"废弃物管理"第900部分："牲畜管理设施规定"	伊利诺伊州行政法典	伊利诺伊州的政府机构、顾问和生产者	http://www.agr.state.il.us/Laws/Regs/lmfareg.pdf	对所有设施的选址、粪便管理计划、生产者培训计划等做出规定
印第安纳州第19条：牲畜圈养场	印第安纳州行政法典（IAC）	政府机构、顾问和生产者	印第安纳州环境管理厅水污染控制处； 327 IAC 19-1-1 http://www.in.gov/legislative/iac/T03270/A00190.PDF?	

续表

出版物	来源	受众	引用	注释
第33-16-03.1.章:"动物饲养场污染控制"	北达科他州行政法典;北达科他州卫生厅	政府机构、顾问和生产者	2005年1月7日,北达科他州卫生厅环境卫生部水质处	
第18条:动物及相关废弃物控制	堪萨斯州卫生和环境监管厅	堪萨斯州的政府机构、顾问和生产者	http://www.kdheks.gov/feedlots/download/Artlcle_18_combined_w_index.pdf	对生产设施选址、设施运营中的污染控制等做出规定

联邦和各州机构制定的合规指南

监管机构在制定相关规定后,下一步通常是为政府机构和其他人制订指南,对规定的目的做出解释并提出普通接受的实践做法、规约、技术等以实现监管目标。有关范例请参阅下表。

出版物	来源	受众	引用	注释
联邦指南				
集约化动物养殖场指南	美国环境保护局	各州有权管理集约型动物养殖场NPDES许可证计划的机构、美国环境保护局各地区办公室、顾问	URL:https://cfpub1.epa.gov/npdes/docs.cfm?document_type_id=2&view=Guidance%252C%2520Manuals%252C%2520Policies%2520and%2520Technical%2520Information&program_id=7&sort=name 发表日期:2012年2月13日	向各州、生产者和普遍公众提供下列信息:(1)有关《清洁水法案》以及集约型动物养殖场NPDES要求的基本信息;(2)《清洁水法案》下的集约型动物养殖场许可证要求信息;(3)帮助各州和生产者了解养分管理计划方案的技术信息 这一指南包含多个附录和表格
各州指南				
密苏里州集约化动物养殖场养分管理技术标准	密苏里州自然资源厅	生产者、顾问以及其他参与密苏里州集约型动物养殖场养分管理计划的人员	http://nmplanner.missouri.edu/regulations/Nutrlent_Management_Tech_Standard-FINAL_3-4-09.pdf 发表日期:2009年3月	遵守各州和联邦有关集约化动物养殖场的法规
印第安纳州牲畜圈养指导手册	印第安纳州环保部	生产者、顾问以及其他参与印第安那州集约型动物养殖场养分管理计划的人员	http://www.ln.gov/idem/landquality/files/cfo_guidance_manual.pdffiles/cfo_guidance_manual.pdf 发表日期:2014年12月	遵守各州和联邦有关集约型动物养殖场的法规

第一章　政策与标准

续表

出版物	来源	受众	引用	注释
动物饲养场与集约型动物养殖场	肯塔基州环保厅水务处	生产者、顾问以及其他参与肯塔基州集约型动物养殖场养分管理计划的人员	http://water.ky.gov/permitting/Pages/AFOsandCAFOs.aspx	遵守各州和联邦有关集约型动物养殖场的法规
北达科他州畜牧养殖场设计手册	北达科他州卫生厅环境卫生部水质处	生产者、顾问以及其他参与北达科他州集约型动物养殖场养分管理计划的人员	https://www.ndhealth.gov/wq/AnImalFeedIngOperations/Final%20Rules/DesIgn%20Manual.pdf	遵守各州和联邦有关集约型动物养殖场的法规

联邦／各州机构（自然资源保护局，NRCS）制定的技术援助实践标准和执行文件

自然资源保护局（美国农业部的技术援助机构）制定各种技术工具和手册以供公众使用。这些文件并不是监管性的规定，而是由各州的自然资源保护局针对本州情况而制定的，体现了州、县和地方各级利益相关者的意见建议。下表列出了美国农业生物工程师学会（American Society of Agricultural and Biological Engineers）这家独立实体制定的一个标准。而自然资源保护局的工作人员是这家学会的积极参与者。

出版物	来源	受众	引用	注释
第190卷"通用手册"第402部分：养分管理	（国家）自然资源保护局	各州和地区自然资源保护局工作人员	http://directives.sc.egov.usda.gov/viewerFS.aspx?hid=27119	为相关机构制定国家和各州自然资源保护局养分管理保护计划的相关政策提供了总体的机构指导
综合养分管理计划标准实践／行为准则（102号）	（州）自然资源保护局办公室	各州自然资源保护局工作人员、生产者和土地所有者、技术服务供应商、公众	（以伊利诺伊州为例，其他各州也有类似但针对各州实际情况的文件）https://efotg.sc.egov.usda.gov/references/public/IL/CAP_CNMP_102_Criteria.pdf	（以伊利诺伊州为例）介绍了必须包含在"伊利诺伊州牲畜圈养设施自然资源保护局综合养分管理计划"中的所有元素。"590养分管理"属于这一"保护行为准则"中的实践行为
伊利诺伊州自然资源保护局养分管理行为准则（590号）	（州）自然资源保护局办公室	各州自然资源保护局工作人员、生产者和土地所有者、技术服务供应商、公众	https://efotg.sc.egov.usda.gov/参阅第四节中所选州的养分管理文件	各州执行养分管理的具体指导性文件，覆盖使用粪便和／或化学肥料的农作物生产

· 7 ·

续表

出版物	来源	受众	引用	注释
（州）养分管理标准－工作说明（590号）	（州）自然资源保护局办公室	各州/县自然资源保护局工作人员以及签约的技术服务供应商	https://efotg.sc.egov.usda.gov/ 参阅第四节中所选州的养分管理文件	现场和办公室工作人员以及私人承包商用以确保完成养分管理计划流程的检查表
《废弃物存储设施保护实践标准》，标准：313号	（州）自然资源保护局办公室	各州/县自然资源保护局工作人员以及签约的技术服务供应商	https://efotg.sc.egov.usda.gov/ 参阅第四节中所选州的养分管理文件	各州对各种类型的牲畜废物存储设施制定的工程规范。某些州在法规中引述这些文件，而其他州仅将此视为自然资源保护局计划所资助项目的技术标准
粪便生产及特点	美国农业生物工程师学会	科研人员、政府机构、顾问、生产者	2005年3月，美国农业生物工程师学会标准 D384.2 www.asabe.org	针对美国农业生产中的大部分牲畜类型所产生粪便的公认国家科学标准
农业废弃物管理现场手册	（国家）自然资源保护局	科研人员、政府机构、顾问、生产者	http://www.nrcs.usda.gov/wps/portal/nrcs/detailfull/national/water/?&cid=stelprdb1045935	为自然资源保护局制定的综合手册，覆盖美国的牲畜生产系统技术，着重于对粪便从产生到用作农作物肥料的管理，还涵盖了多项粪便处理技术

高等院校和其他公共教育机构提供的生产者教育

美国的"赠地大学系统（The Land Grant University System）"及其推广系统（Extension System）是独立于美国农业部技术援助部门－自然资源保护局之外的系统。但是推广系统、自然资源保护局以及各相关利益团体共同合作来推动生产者教育，促进美国牲畜生产区的环境保护、食品安全以及健康社区等目标。下表列出了所开发和使用的生产者教育和培训产品范例。这些产品也用于公立学校和高等院校。

出版物	来源	受众	引用	注释
畜禽环境保护课程	艾奥瓦州埃姆斯，中西部计划服务合作社	生产者和教育机构	http://artlcles.extension.org/pages/8963/livestock-and-poultry-envlronmental-stewardship-curriculum	为各种美国牲畜生产者培训计划以及牲畜生产大学本科学习制定的课程

续表

出版物	来源	受众	引用	注释
养分管理规划者资源	密苏里大学商业农业项目植物学推广计划	生产者、顾问、政府机构和学生	http://nmplanner.missouri.edu/resources/	为"密苏里州粪便管理资源(Missouri Manure Management Resources)"的门户网站
动物粪便管理	"国家推广项目"网站：eXtension.org	生产者、顾问、政府机构和学生	http://articles.extension.org/animal_manure_management	有关美国牲畜粪便管理的各种文件、视频和相关信息的资料库；代表着多个州立赠地大学的推广部
"中西部计划服务合作社(MidWest Plan Service)"有关畜禽粪便管理的出版物	艾奥瓦州埃姆斯，中西部计划服务合作社	生产者、顾问、政府机构和学生	https://www-mwps.sws.iastate.edu/catalog/manure-management-livestock	主要是美国中西部地区大学专家撰写的一般应用出版物

其他文件

下表列出了为农艺学、粪便实验室检测等提供更多规范和规约的范例文件。

出版物	来源	受众	引用	注释
路易斯安那州稻谷生产手册，2009年第2321出版号	路易斯安那州立大农业中心，路易斯安那州农业实验站和农业合作推广服务	生产者和顾问	http://www.suagcenter.com/topics/crops/rice/variety_trials_recommendations/rice-production-handbook	路易斯安那州稻谷生产中的营养物要求和农艺实践
阿肯色州稻谷生产手册，第九卷"土壤肥力"	阿肯色大学农业合作推广服务	生产者和顾问	https://www.uaex.edu/publications/pdf/mp192/chapter-9.pdf	阿肯色州稻谷生产中的营养物要求和农艺实践
甘蔗环境最佳管理实践	路易斯安那州立大农业中心，路易斯安那州农业实验站和农业合作推广服务	生产者和顾问	http://www.suagcenter.com/portals/communications/publications/publications_catalog/crops_livestock/best%20management%20practices/sugarcane-best-management-practices	路易斯安那州甘蔗生产中的营养物要求和农艺实践
明尼苏达州水果蔬菜经济作物的养分管理。BU-05886，2005年修订	明尼苏达大学土壤、水和气候系	生产者、顾问、政府机构和学生	http://www.extension.umn.edu/garden/fruit-vegetable/nutrient-management-for-commercial-fruit-and-vegetables-In-mn/	明尼苏达及邻近各州水果蔬菜作物（非大棚）生产中的营养物要求

续表

出版物	来源	受众	引用	注释
伊利诺伊州农艺手册	伊利诺伊大学香槟分校作物科学系，推广部	生产者、顾问、政府机构和学生	http://extension.cropsciences.illinois.edu/handbook/	包括与伊利诺伊州牲畜企业养分管理计划有关的土壤和作物信息
加利福尼亚州奶牛场通令合规分析方法手册-养分管理计划	加利福尼亚大学戴维斯分析实验室	政府机构、顾问和实验室经验	http://anlab.ucdavis.edu/docs/uc_analytical_methods.pdf	加州的粪便养分检测实验室方法手册
粪便分析推荐方法，2003年，A-3769	威斯康星麦迪逊，威斯康星大学合作推广出版社	政府机构、顾问和实验室经验	http://www.nrcs.usda.gov/Internet/FSE_DOCUMENTS/stelprdb1044379.pdf	美国的粪便养分检测实验室方法手册

三、建立养分管理计划

　　该部分概述了制定一个简单的粪肥养分管理规划时对关键内容的处理过程。在本部分，依据目标物种和耕作制度而设定了一些场景，作为范例。这些设定场景适合于中国的几类代表性耕作制度（如玉米/冬小麦、小麦/水稻、连续性单作物种植玉米），主要侧重于奶牛和猪的粪便。

　　美国的粪肥管理规划是个综合性的复杂流程，包括关于工具设计的信息和定期记录、粪肥养分信息、粪肥应用和土地信息、作物信息和土壤测试以及其他相关信息。本部分仅侧重于根据作物的需要而匹配合适的施肥方法和施用率。根据特定畜种确定作物需求和粪肥施用率，需要考虑以下几个方面的因素。

　　一是明确动物种类和粪肥年产量；

　　二是通过粪肥样本分析或账面价值确定粪肥养分含量；

　　三是明确可采用的农学信息（铵和有机氮因数、本地土壤肥力、作物的营养维护需求）；

　　四是粪肥养分预算表：对于氮或磷的限定。

1. 动物种类和粪肥年产量

　　制定一个简化的粪肥养分管理规划需要掌握粪肥年产量信息。这方面的信息常常可以从前一年的粪肥产量记录或主要参考文献中得到。

2. 粪肥样本中的养分含量

　　在美国，常用的测定畜禽粪便营养值的方法有两种：（1）在建造相关设施之前，利用主要参考文献中的粪肥特质（通常也被称为"账面价值"）决定粪肥储存设施以及相关处理设备的大小；（2）相关场所建造完成并投入使用之后，从储存的粪便中（或其他合适的关键地点）提取样本，送至经认证的实验室分析营养值，至少每年一次。各个认证实验室可以提供不同种类的粪便分析组合服务，进行养分分析，如氮（包括总凯氏氮、有机氮、铵态氮、硝态氮以及根据要求进行的其他分析），主要和次要养分（包括 P_2O_5 中的磷、K_2O 中的钾，以及硫、钙、镁、钠和其他按要求进行的成分分析），以及属性分析（包括含水量、总固体量、总碳量、pH 值及其他要求分析的指标）。粪肥分析结果是决定适合作物需求和土壤成分的施用率的主要参考依据，需根据各州的要求定期进行分析。例如，伊利诺伊州规定，至少每年需进行一次分析。

　　以下内容是常见畜禽粪便特质小结（表 1-1 和表 1-2），通过参考常用文献（MWPS-18，2005）得出，以及针对猪和养殖场食用牛两类粪肥样本分析（图 1-1 和图

1-2）。在中国没有找到类似的特性描述，说明中国对于粪肥的分析能力不足。

表 1-1 液体粪肥特征预估值

Use only for planning purposes. These values should not be used in place of a regular manure analysis

Livestock Stages	Production					Units	Concentration			
	Manure	Total N	NH$_3$-N	P$_2$O$_5$	K$_2$O		Total N	NH$_3$-N	P$_2$O$_5$	K$_2$O
	(lb/yr)						lbs/1,000 gallons of manure			
Farrowing	11,500	21	11	17	15	per pig space	15	8	12	11
Nursery	1,000	3	2	2	3	per pig space	25	14	19	22
Grow-Finish (deep pit)	3,500	21	14	18	13	per pig space	50	33	42	30
Grow-Finish (wet/dry feeder)	2,500	17	12	13	12	per pig space	50	39	44	40
Grow-Finish (earthen pit)	3,500	13	10	9	8	per pig space	32	24	22	20
Breeding-Gestation	9,100	27	13	27	26	per pig space	25	12	25	24
Farrow-Finish	37,500	126	72	108	103	per production sow	28	16	24	23
	2,000	7	4	6	6	per pig sold per year	28	16	24	23
Farrow-Feeder	10,000	25	13	22	23	per production sow	21	11	18	19
Dairy Cow	54,000	200	39	97	123	per mature cow	31	6	15	19
Dairy Heifer	25,000	96	18	42	84	per head capacity	32	6	14	28
Dairy Calf	6,000	19	4	10	17	per head capacity	27	5	14	24
Veal Calf	3,500	11	9	9	17	per head capacity	26	21	22	40
Dairy Herd	73,000	271	53	131	193	per mature cow	31	6	15	22
Beef Cows	30,000	72	25	58	86	per mature cow	20	7	16	24
Feeder Calves	13,000	39	12	26	35	per head capacity	27	8	18	24
Finishing Cattle	25,500	89	24	55	79	per head capacity	29	8	18	26
Broilers	83	0.63	0.13	0.40	0.29	per bird space	63	13	40	29
Pullets	49	0.35	0.07	0.21	0.18	per bird space	60	12	35	30
Layers	130	0.89	0.58	0.81	0.51	per bird space	57	37	52	33
Tom Turkeys	282	1.79	0.54	1.35	0.98	per bird space	53	16	40	29
Hen Turkeys	232	1.67	0.56	1.06	0.89	per bird space	60	20	38	32
Ducks	249	0.45	0.24	0.36	0.33	per bird space	22	5	15	8

* 仅用于规划，这些数据不能用于常规的粪肥分析

表 1-2 固体粪肥特征预估值

Use only for planning purposes. These values should not be used in place of a regular manure analysis.

Livestock Stages	Production					Units	Concentration			
	Manure	Total N	NH$_3$-N	P$_2$O$_5$	K$_2$O		Total N	NH$_3$-N	P$_2$O$_5$	K$_2$O
	(lb/yr)						lbs/ton of manure			
Farrowing	4,800	34	7	14	10	per pig space	14	3	6	4
Nursery	480	3	1	2	1	per pig space	13	5	8	4
Grow-Finish	2,100	17	6	9	5	per pig space	16	6	9	5
Breeding-Gestation	2,000	9	5	7	5	per pig space	9	5	7	5
Feeder Pig	4,540	23	11	16	9	per sow space	10	5	7	4
Farrow-Finish	17,140	120	51	69	43	per sow space	14	6	8	5
	950	7	3	4	2	per pig sold	14	6	8	5
Dairy Cow	28,000	140	28	42	84	per mature cow	10	2	3	6
Dairy Heifer	13,000	65	13	20	46	per head capacity	10	2	3	7
Dairy Calf	3,000	15	3	5	8	per head capacity	10	2	3	5
Veal Calf	2,200	10	6	3	7	per head capacity	9	5	3	6
Dairy Herd	40,200	181	40	80	141	per mature cow	9	2	4	7
Beef Cows	13,400	47	20	27	47	per mature cow	7	3	4	7
Feeder Calves (500 lbs)	7,000	32	11	14	28	per head capacity	9	3	4	8
Finishing Cattle	11,800	65	24	41	65	per head capacity	11	4	7	11
Broilers	18	0.41	0.11	0.48	0.32	per bird space	46	12	53	36
Pullets	22	0.53	0.10	0.39	0.30	per bird space	48	9	35	27
Layers	39	0.66	0.23	0.99	0.51	per bird space	34	12	51	26
Tom Turkeys	46	0.92	0.18	1.15	0.69	per bird space	40	8	50	30
Hen Turkeys	46	0.92	0.18	1.15	0.69	per bird space	40	8	50	30
Ducks	60	0.42	0.15	0.54	0.33	per bird space	17	4	21	30

* 仅用于规划，这些数据不能用于常规的粪肥分析

Report Number		Page 1 of 1
12-201-5422		

13611 B Street • Omaha, Nebraska 68144-3693 • (402) 334-7770 • FAX (402) 334-9121 • www.midwestlabs.com

UNIVERSITY OF ILLINOIS
LAURA PEPPLE   STE 332
1304 W PENNSYLVANIA AVE
URBANA IL 61801

Lab Number: 10058208
Description: MANURE ANALYSIS
Sample Id: SWINE

Report Date: Jul 19, 2012
Received Date: Jul 17, 2012
Sampled Date: Jul 16, 2012
P.O. Number:

Account Number: 21565

Parameters	Analysis as Received	Nutrients lbs/1000 gals	Est. First Year Availability lbs/1000 gals
Ammonium Nitrogen(N)	0.56 %	47.1	47
Organic Nitrogen(N)	0.28 %	23.9	8
Total Nitrogen(N)	0.84 %	71.0	55
Phosphorus(P2O5)	0.32 %	27.5	19
Potassium(K2O)	0.36 %	30.3	27
Sulfur(S)	0.08 %	6.8	3
Calcium(Ca)	0.11 %	9.6	7
Magnesium(Mg)	0.07 %	5.8	4
Sodium(Na)	0.11 %	9.3	7
Copper(Cu)	42 ppm	0.35	0.25
Iron(Fe)	110 ppm	0.93	0.65
Manganese(Mn)	22 ppm	0.19	0.13
Zinc(Zn)	102 ppm	0.86	0.60
Moisture	95.3 %		
Total Solids	4.7 %	397.2	
Total Salts		102.1	
pH	8.0		

First year availability of nitrogen is calculated based on preplant application with incorporation. Nitrogen available from previous years application not considered.

Total manure salts should not exceed 500 lbs/acre. Less than 500 lbs/acre if annual rainfall is less than 25 inches and/or the soil CEC is less than 12 meq/100g. Salt contributions from commercial fertilizer applications must also be considered. Soil test yearly to monitor phosphorus levels, organic matter, pH, and micronutrients. Spring soil test for residual nitrate - make accurate sidedress recommendations! Nitrogen availability will vary with methods of application and field conditions. The nitrogen availability values used on a manure management plan must comply with state regulation. These regulations vary from state to state.

Rob Ferris
Client Service Representative
rob@midwestlabs.com (402)829-9871

The result(s) issued on this report only reflect the analysis of the sample(s) submitted. For applicable test parameters, Midwest Laboratories is in compliance with NELAC requirements. Our reports and letters are for the exclusive and confidential use of our clients and may not be reproduced in whole or in part, nor may any reference be made to the work, the results, or the company in any advertising, news release, or other public announcements without obtaining our prior written authorization.

图 1-1 猪粪实验室分析结果

第一章 政策与标准

图 1-2 包装牛肉实验室分析结果

3. 农学信息

该部分内容包含以下内容的相关信息和参考值：施用后的有效（铵）和有机氮含量、当地土壤肥力信息和作物的营养维护需求。

3.1 铵和有机氮因数

由于不具备牲畜粪便样本检测设施，在中国没有发现类似的参考资料。因而美国的参照值是可供使用的最为接近的参照值。

有了粪便养分资料之后，还应该考虑施用后的铵态氮损失和矿化有机氮（表1-3和表1-4）。土地利用过程中的铵态氮损失在 0～40%，取决于施肥方法、粪肥类型以及当地气候；矿化有机氮会随牲畜种类、粪肥类型和粪便处理方法而存在差别。

表1-3 粪便还田过程中的（无机）铵态氮损失

Use these percentages to adjust the ammonium nitrogen values you estimated or got from a laboratory analysis. These numbers represent losses within 4 days after land application.			
Application method	Type of manure	Loss, percent of ammonium-N	
		lower limit: cool, dry weather	higher limit: warm weather
broadcast	solid	15	30
	liquid	10	25
broadcast with immediate incorporation	solid	1	5
	liquid	1	5
knife or sweep injection	liquid	0	2
Sprinkler irrigation	liquid	15	40

Source: MWPS-18, LIVESTOCK WASTE FACILITIES HANDBOOK, 1993 printing.

表1-4 有机氮矿化

Amount of organic nitrogen mineralized (made available to crops) during the first cropping season after manure application[3].		
Manure type	Manure handling	Mineralization factor
Swine	fresh	0.50
	anaerobic liquid[1]	0.35
	aerobic liquid[2]	0.30
Beef	solid without bedding	0.35
	solid with bedding	0.25
	anaerobic liquid[1]	0.30
	aerobic liquid[2]	0.25
Dairy	solid without bedding	0.35
	solid with bedding	0.25

续表

Manure type	Manure handling	Mineralization factor
	anaerobic liquid¹	0.30
	aerobic liquid²	0.25
Poultry	deep pit	0.45
	solid with litter	0.30
	solid without litter	0.35

1 plt, above-ground storage, or unaerated lagoon
2 well-aerated lagoon or oxidation ditch
3 Nitrogen credits for the mineralized organic nitrogen in livestock waste applied during the previous three years are calculated at the rate of 50%, 25%, and 12.5%, respectively, of that mineralized during the first year.
Source: MWPS-18, LIVESTOCK WASTE FACILITIES HANDBOOK, 1993 printing.

3.2 当地土壤肥力信息

当地土壤营养资料对于确定合理的土地施用率，不过度施用牲畜粪肥也是十分重要的。此类信息可以通过土壤样本分析或者是推荐的当地农学机构获得。

3.3 作物的营养维护需求

表1-5列出了美国主要作物所需的平均产量（千克/公顷）、标准氮、磷（P_2O_5中的磷）和钾（K_2O中的钾）保养肥，包括玉米、小麦、水稻、麦稻、玉米青贮和甘蔗。

表1-5 美国主要作物的氮、磷、钾的需求量

Crop	Yield(kg/hm²)	N(kg/kg yield)	N(kg/hm²)	P_2O_5(kg/hm²)	K_2O(kg/hm²)
Corn	10670	0.018	192	85.4	53.4
Wheat	7500	0.0268	201	75	37.5
Rice	10500	0.016	168	55.5	67.5
Wheat + Rice	18000	−	369	130.5	105
Corn Silage(low yield)	45450	0.003	136	60.2	159
Sugar cane(high yield)	50000 ~ 90000	0.001	70 ~ 115	80 ~ 100	125 ~ 250

中国主要作物的营养维护需求可以查阅《中国主要作物施肥指南》。表1-6至表1-8提供了部分作物的营养维护需求量。至于其他作物的相关信息，请参阅前述指导手册。

表1-6 不同产量水平下春玉米氮、磷、钾的吸收量

产量水平（kg/hm²）	养分吸收量（kg/hm²）		
	N	P_2O_5	K_2O
7500	165	53	143
7500 ~ 9750	195	60	188
9750	225	68	218

表 1-7　不同产量水平下小麦氮、磷、钾的吸收量

产量水平（kg/hm²）	养分吸收量（kg/hm²）			
	N		P	K
	Weak-gluten	Strong-gluten		
4500	107	122	22	101
6000	145	165	30	139
7500	185	210	37	178

表 1-8　不同产量水平下水稻氮、磷、钾的吸收量

产量水平（kg/hm²）	养分吸收量（kg/hm²）		
	N	P	K
7500	133	34	168
9000	178	49	212
10500	220	58	266

4. 粪肥营养预算表

后面内容中包含两种预算表。第一种预算表（氮限定）适用于土壤含磷度相对较低的情况，因而粪肥的使用仅受到作物对于氮的需求限制。第二种预算表（磷限定）适用于土壤含磷度超过某一临界值的情况，因而粪肥的使用受到含磷量的限制，以满足作物的需求。工作表 1 和工作表 2 代表了美国用于粪肥营养管理规划的两种情况。4.3 部分内容通过氮限定预算表展现了不同耕作制度下适合于不同物种的施用方法。

4.1 氮限定预算表使用指导

使用粪肥营养预算表：氮限定（工作表 1）。在 4.3 部分（表 1-3 至表 1-5）中提供了美国的铵态氮损失和矿化成分值，以及美国主要作物的需求值；中国主要作物的需求信息参考《中国主要作物施肥指南》。

步骤：

（1）第 1 行：此处填写预计的粪肥年产量。该数值可以通过前一年度的粪肥产量记录估算得出，在无法获取记录的情况下，也可以由账面价值得出（工作表 1）。

（2）第 2～6 行：填写所用的粪肥营养信息。建议掌握粪肥检测结果的一手来源。如果没有近期的营养分析报告，可以用工作表 1 厩液坑特性预计，或工作表 2 固体粪肥特性预计中的账面价值。

（3）第 7 行：填写作物信息。常见轮作作物有玉米/冬小麦、小麦/水稻、甘蔗/甘蔗、冬小麦/棉花、玉米（东北）和大豆。

（4）第8行：填写预计的作物平均产量。该数值可以来自之前一年的记录，也可以来源于推荐的《中国主要作物施肥指南》。

（5）第9～10行：填写氮需求量，美国作物需求量用表1-5，中国作物需求量用表1-6至表1-8。

（6）第11行：根据表1-3中的施用方法决定你的铵损失率。例如，如果在一个温暖的日子里滴灌厩液，那么铵损失率将为2%；如果选择在一个温暖的日子里以播撒的方式施用同样的厩液，那么铵损失率将为25%。

（7）第12～13行：含氮量——除非该土地上种植的是小麦或苜蓿，或者在前一年度曾经施肥，否则不存在含氮量，因此第12行先填0。第13行是作物对氮的净需求量。

（8）第14～16行：根据你将要施用的粪肥类型，决定选取表1-4中的哪类矿化因数。例如，如果你所施用的粪肥来源于深猪粪坑，就应该选择因数为0.35。然后根据指示计算第一年的氮有效性总量（第15～16行）。

（9）第17～18行：按照指示合理计算施用率，以及该施用率适合的土地面积。

（10）第19行：根据氮限定方法计算磷施用率。

（11）第20～24行：美国账面价值：参考表1-5；中国账面价值：使用推荐的《中国主要作物施肥指南》获取磷和钾的维护值，按照指示完成计算。

（12）第25～26行：第一年的矿化氮的50%可被第二年的作物吸收，第二年矿化氮的50%可被第三年的作物吸收。利用这些数值填写下一年度的预算表中的第12行。

工作表1：粪肥养分管理预算表：限氮

		Livestock Type:_____	
1	Annual manure production quantity	(1 unit=1000 liter or 1m^3)	
	Manure lab test results, kg/m^3		
2	Total N		
3	Ammonium N		
4	Organic N	(L2-L3)	
5	P$_2$O$_5$ equivalent		
6	K$_2$O equivalent		
7	Crop where you want to spread manure		
8	Proven yield, tonne/hectare		
9	N needs, kg available N per kg of proven yield	Table 1-5	
10	Crop N needs, kg/hectare (N needs times proven yield)	(L8 × L9) × 1,000	
11	Ammonium-N loss, percent	Table 1-3	

续表

12	N credits (crop previous yr.), kg available N per hectare		
13	Crop N needs minus all N credits, kg/hectare	(L10−L12)	
14	Manure mineralization factor	Table 1−4	
15	Manure organic N × mineralization factor, kg. N per unit of manure	(L4 × L14)	
16	Total available N first year, kg. N per unit of manure	[(100% − L11) × L3]+L15	
17	Application rate, units/hectare (1,000 litter or 1 m3)	(L13/L16)	
18	Hectare needed at this rate	(L1/L17)	
19	Phosphorus application rate, kg/hectare	(L5 × L17)	
20	Crop phosphorus need, maintenance, kg/hectare	Table 1−5	
21	Excess phosphorus, carried over as phosphorus credit	(L19−L20)	
22	Potassium application rate, kg/hectare	(L6 × L17)	
23	Crop potassium need, maintenance, kg/hectare	Table 1−5	
24	Excess potassium, carried over as potassium credit	(L 22−L 23)	
25	Year 2 manure nitrogen credit, kg/hectare	((L15 × L17)/2)	
26	Year 3 manure nitrogen credit, kg/hectare	(50% of L25)	

4.2 磷限定预算表使用指导目的

该页内容旨在帮助测定当粪肥只能提供作物所需的总氮量的一部分时，需要采用多少氮肥。这种情况通常出现在根据下一茬作物所需的磷的数量计算粪肥施用量的情况，即采用磷限定预算表（工作表2）。

采用磷限定预算表时，4.1部分对于氮限定预算表第1~16行的填写指导可用。第17行先填写作物的磷需求量（表1-5），而非作物的氮需求量。第18行，明确单元面积内的磷需求量（kg/hm^2）。第19行重复第15行的信息，及肥料中的P$_2$O$_5$含量。第20行是磷限定施用率。第21行是最终的氮施用率。第22行是按照磷限定的比率施粪肥后作物仍欠吸收的氮量，即可能需要施加氮肥，以满足作物对氮的需求量。钾的施用率和来年含氮量参考4.1中的指导。

4.3 目标物种和耕作制度的示例场景

该部分提供了针对特定物种和中国的几类代表性耕作制度的示例场景（如玉米/冬小麦，小麦/水稻，连续性单作物种植玉米），主要侧重于奶牛和猪的粪便。

这些示例体现了基于1000只目标动物群（猪或奶牛成长-完成）的典型的粪肥和土地使用规划场景。填写这些示例的具体指导可参阅4.1部分。

工作表 2：粪肥养分管理预算表：限磷

1	Annual manure production quantity (units)	(1 unit=1000 liter or 1m^3)	
	Manure lab test results, kg/m^3		
2	Total N		
3	Ammonium N		
4	Organic N	(L2−L3)	
5	P$_2$O$_5$ equivalent		
6	K$_2$O equivalent		
7	Crop where you want to spread manure		
8	Proven yield, tonne/hectare		
9	N needs, kg available N per kg of proven yield	Table 1-5	
10	Crop N needs, kg/hectare (N needs × proven yield)	(L9 × L8)	
11	Ammonium-N loss, percent	Table 3	
12	N credits (crop previous yr.), kg available N per hectare		
13	Crop N needs minus all N credits	(L10−L12)	
14	Manure mineralization factor	Table 1-4	
15	Manure organic N × mineralization factor, kg N per unit of manure	(L4 × L14)	
16	Total available N first year, kg N per unit of manure	[(100% − L11) × L3]+L15	
17	P$_2$O$_5$ needs, kg available P$_2$O$_5$ per unit of proven yield	Table 1-5	
18	Crop P$_2$O$_5$ needs, kg/hectare (P needs × proven yield)	(L17 × L8)	
19	Total available P$_2$O$_5$, kg/unit of manure (assume 100% first year availability)	(L5)	
20	Phosphorus-limited application rate, units manure/hectare	(L18/L19)	
21	Nitrogen application rate, kg available N / hectare	(L20 × L16)	
22	Nitrogen deficit, kg/hectare	(L13−L21)	
23	Crop potassium need, maintenance, kg/hectare	Table 1-5	
24	Potassium application rate, kg/hectare	(L20 × L6)	
25	Year 2 manure nitrogen credit, kg/hectare	((L15 × L20)/2)	
26	Year 3 manure nitrogen credit, kg/hectare	(50% of L25)	

粪肥养分管理预算表：限氮
示例 1：猪粪，单季玉米

			Livestock Type: Swine (GF) / 1000 pig-space
1	Annual manure production quantity	(1 unit =1000 liter or 1m^3)	1588
	Manure lab test results, kg/m^3		
2	Total N		8.4
3	Ammonium N		5.6
4	Organic N	(L2−L3)	2.8
5	P$_2$O$_5$ equivalent		3.2
6	K$_2$O equivalent		3.6
7	Crop where you want to spread manure		Corn
8	Proven yield, tonne/hectare		10.67
9	N needs, kg available N per kg of proven yield	Table 1-5	0.018
10	Crop N needs, kg/hectare (N needs times proven yield)	(L8 × L9) × 1,000	192
11	Ammonium-N loss, percent	Table 1-3	20%
12	N credits (crop previous yr.), kg available N per hectare		0
13	Crop N needs minus all N credits, kg/hectare	(L10−L12)	192
14	Manure mineralization factor	Table 1-4	0.35
15	Manure organic N × mineralization factor, kg. N per unit of manure	(L4 × L14)	0.98
16	Total available N first year, kg. N per unit of manure	[(100% − L11) × L3]+L15	5.46
17	Application rate, units/hectare (1,000 litter or 1 m^3)	(L13/L16)	35.2
18	Hectare needed at this rate	(L1/L17)	45
19	Phosphorus application rate, kg/hectare	(L5 × L17)	112.6
20	Crop phosphorus need, maintenance, kg/hectare	Table 1-5	85.4
21	Excess phosphorus, carried over as phosphorus credit	(L19−L20)	27.2
22	Potassium application rate, kg/hectare	(L6 × L17)	126.7
23	Crop potassium need, maintenance, kg/hectare	Table 1-5	53.4
24	Excess potassium, carried over as potassium credit	(L22−L23)	73.3
25	Year 2 manure nitrogen credit, kg/hectare	((L15 × L17)/2)	17.2
26	Year 3 manure nitrogen credit, kg/hectare	(50% of L25)	8.6

粪肥养分管理预算表：限氮
示例 2：奶牛粪便，单季玉米青贮

		Livestock Type: 1000 dairy cows, slurry system	
1	Annual manure production quantity	(1 unit=1000 liter or 1m^3)	24494
	Manure lab test results, kg/m^3		
2	Total N		2.5
3	Ammonium N		1
4	Organic N	(L2−L3)	1.5
5	P$_2$O$_5$ equivalent		1
6	K$_2$O equivalent		2.4
7	Crop where you want to spread manure		Corn Silage
8	Proven yield, tonne/hectare		45.45
9	N needs, kg available N per kg of proven yield	Table 1−5	0.003
10	Crop N needs, kg/hectare (N needs times proven yield)	(L8 × L9) × 1,000	136.4
11	Ammonium−N loss, percent	Table 1−3	20%
12	N credits (crop previous yr.), kg available N per hectare		0
13	Crop N needs minus all N credits, kg/hectare	(L10−L12)	136.4
14	Manure mineralization factor	Table 1−4	0.25
15	Manure organic N × mineralization factor, kg. N per unit of manure	(L4 × L14)	0.375
16	Total available N first year, kg. N per unit of manure	[(100% − L11) × L3]+L15	1.175
17	Application rate, units/hectare (1,000 litter or 1 m^3)	(L13/L16)	116.1
18	Hectare needed at this rate	(L1/L17)	211.1
19	Phosphorus application rate, kg/hectare	(L5 × L17)	116.1
20	Crop phosphorus need, maintenance, kg/hectare	Table 1−5	60.2
21	Excess phosphorus, carried over as phosphorus credit	(L19−L20)	55.8
22	Potassium application rate, kg/hectare	(L6 × L17)	278.5
23	Crop potassium need, maintenance, kg/hectare	Table 1−5	159.1
24	Excess potassium, carried over as potassium credit	(L22−L23)	119.4
25	Year 2 manure nitrogen credit, kg/hectare	((L15 × L17)/2)	21.8
26	Year 3 manure nitrogen credit, kg/hectare	(50% of L25)	10.9

粪肥养分管理预算表：限氮
示例3：猪粪，小麦和玉米轮作

			Livestock Type: Swine (GF) / 1000 pig-space
1	Annual manure production quantity	(1 unit=1000 liter or 1m^3)	1588
	Manure lab test results, kg/m^3		
2	Total N		8.4
3	Ammonium N		5.6
4	Organic N	(L2−L3)	2.8
5	P$_2$O$_5$ equivalent		3.2
6	K$_2$O equivalent		3.6
7	Crop where you want to spread manure		Wheat/Rice
8	Proven yield, tonne/hectare		18
9	N needs, kg available N per kg of proven yield	Table 1−5	−
10	Crop N needs, kg/hectare (N needs times proven yield)	(L8 × L9) × 1,000	369
11	Ammonium−N loss, percent	Table 1−3	20%
12	N credits (crop previous yr.), kg available N per hectare		0
13	Crop N needs minus all N credits, kg/hectare	(L10−L12)	369
14	Manure mineralization factor	Table 1−4	0.35
15	Manure organic N × mineralization factor, kg. N per unit of manure	(L4 × L14)	0.98
16	Total available N first year, kg. N per unit of manure	[(100% − L11) × L3]+L15	5.46
17	Application rate, units/hectare (1,000 litter or 1 m^3)	(L13/L16)	67.6
18	Hectare needed at this rate	(L1/L17)	23.5
19	Phosphorus application rate, kg/hectare	(L5 × L17)	216.3
20	Crop phosphorus need, maintenance, kg/hectare	Table 1−5	130.5
21	Excess phosphorus, carried over as phosphorus credit	(L19−L20)	85.8
22	Potassium application rate, kg/hectare	(L6 × L17)	243.4
23	Crop potassium need, maintenance, kg/hectare	Table 1−5	105
24	Excess potassium, carried over as potassium credit	(L22−L23)	138.4
25	Year 2 manure nitrogen credit, kg/hectare	((L15 × L17)/2)	33.1
26	Year 3 manure nitrogen credit, kg/hectare	(50% of L25)	16.6

粪肥养分管理预算表：限氮
示例 4：奶牛粪便，玉米和小麦轮作

	Livestock Type:1000 dairy cows, slurry system		
1	Annual manure production quantity	(1 unit =1000 liter or 1 m^3)	24494
	Manure lab test results, kg/m^3		
2	Total N		2.5
3	Ammonium N		1
4	Organic N	(L2−L3)	1.5
5	P$_2$O$_5$ equivalent		1
6	K$_2$O equivalent		2.4
7	Crop where you want to spread manure		Corn+Wheat
8	Proven yield, tonne/hectare		18.0
9	N needs, kg available N per kg of proven yield	Table 1−5	0.0448
10	Crop N needs, kg/hectare (N needs times proven yield)	(L8 × L9) × 1,000	393
11	Ammonium−N loss, percent	Table 1−3	20%
12	N credits (crop previous yr.), kg available N per hectare		0
13	Crop N needs minus all N credits, kg/hectare	(L10−L12)	393
14	Manure mineralization factor	Table 1−4	0.25
15	Manure organic N × mineralization factor, kg. N per unit of manure	(L4 × L14)	0.375
16	Total available N first year, kg. N per unit of manure	[(100%−L11) × L3]+L15	1.175
17	Application rate, units/hectare (1,000 litter or 1 m^3)	(L13/L16)	334.5
18	Hectare needed at this rate	(L1/L17)	73.2
19	Phosphorus application rate, kg/hectare	(L5 × L17)	334.5
20	Crop phosphorus need, maintenance, kg/hectare	Table 1−5	160.4
21	Excess phosphorus, carried over as phosphorus credit	(L19−L20)	174
22	Potassium application rate, kg/hectare	(L6 × L17)	802.8
23	Crop potassium need, maintenance, kg/hectare	Table 1−5	91
24	Excess potassium, carried over as potassium credit	(L22−L23)	712
25	Year 2 manure nitrogen credit, kg/hectare	((L15 × L17)/2)	62.7
26	Year 3 manure nitrogen credit, kg/hectare	(50% of L25)	31.4

四、养分管理计划相关不确定因素

本章第一部分概述了与粪肥营养管理规划中的关键要素相关的不确定因素。第二部分陈述了这些不确定因素的影响及其对于目标物种（奶牛）和耕作制度（玉米和冬小麦轮作）的潜在影响。第三部分概述了可以通过本分析报告得出的主要结论。

第一部分　粪肥营养管理规划关键要素的不确定性

在可交付成果三中已经提到过，美国的粪肥管理规划是个综合性过程，包括关于工具设计的信息和定期记录、合理的粪肥贮存计划、粪肥处理系统、粪肥养分信息、粪肥应用和土地信息、作物信息和土壤测试以及其他相关信息。为了探讨与粪肥营养管理规划相关的不确定因素，本部分内容侧重于根据作物的需要而匹配合适的施肥方法和施用率，包括明确粪肥养分含量。在此重申一下在粪肥营养管理规划中需要考虑的重要步骤。

一是明确动物种类和粪肥年产量；

二是通过粪肥样本分析或账面价值确定粪肥养分含量；

三是明确可采用的农学信息（施用后的铵和有机氮因数、本地土壤肥力信息、作物的营养维护需求）；

四是粪肥养分预算表：对于氮或磷的限定。

下文探讨上述每步中包含的不确定因素。

1. 动物种类和粪肥年产量

粪肥年产量信息与动物的数量和类型一样，都是关键信息。前者可以通过"账面价值"估算出来，但是到目前为止，首选方法是使用该设施中的历史产量信息，或有着类似管理模式——包括粪便处理、收集和贮存的其他设施的生产信息。实际粪肥产量可能因为用水和疾病等原因与账面价值差别很大。

出人意料的是，动物的种类和类型是通过账面价值估算粪肥产量的重要不确定因素。实际动物数量的不确定性是一方面，而更加典型的是，某一特定动物群与账面价值的差异才是导致不确定性的元凶。例如，奶牛场的粪肥生产量与奶牛的大小、非产奶牛的数量以及饲料种类直接相关。对于猪而言，其在某一空间内生长和成熟的时间长短以及上市体重都直接影响到粪肥产量。

因此，尽管交付成果三中的表1-1和表1-2中提供的粪肥产量和营养值被广为提倡使用，然而在获取这些预测值时所采纳的特定假设条件往往被忽略了，或者是不可为经理人所用。因此，在进行营养管理规划时，应首选某一场所的实际产量记录。

2. 粪肥样本中的养分含量

粪肥养分含量的可变性往往会令人大吃一惊。技术人员有时候会犯的一个关键错误是采用了统计上的偏性样本。例如，从一个猪圈深坑中提取浆体样本时，如果样本不是由多个不同深度上提取的子样本组成（或者是对深坑进行充分搅动和混合后提取），那么所获得的样本就无法代表坑内的平均养分含量。这种形式的不确定性可以导致偏性和非偏性样本结果的数量级差异。粪肥取样是进行员工培训的一个重要部分，在考虑潜在误差源时，应该纳入考虑范围。

在测量粪肥样本养分含量时，测量技术本身也与误差有关。通常，粪肥样本一式三份进行分析，报告中体现平均值，而且对于某些检测而言，如果变动系数（标准偏差/平均值）超出了某个临界值，需要进行重新检测，从而排除了取样准备不足或无法说明的随机误差所导致的影响。然而，这种方法不能直接解决仪器准确度的问题。每个测试实验室都必须严格遵守质量控制协定，确保在可接受的误差范围内（如10%）保持绝对准确度。仪器仪表往往会出现"游移"，在这一过程中，"真实的"养分含量和测得的养分含量之间的绝对误差随时间越来越大，而子样本之间的变动系数则保持在比较低的水平。实验室检验并纠正此类误差的唯一途径是采取合适的校准方法，检测整个系统，参加"转场"检验，即一家实验室寄出盲样，收到盲样的实验室进行检测并汇报结果。这种方法可以快速发现仪器仪表的误差，尽管即便发现了误差，有时候也没办法找到误差的原因。因此，在创建和运营一家粪肥养分管理实验室时，需要重点考虑测量误差问题。

除同类牲畜系统之间可能存在的巨大差异、偏性取样方法和测量误差可能导致的不确定性外，最大的不确定因素存在于没有实验室检测结果可用、经理人必须"猜测"养分含量的情况。在这种情况下往往会借助于账面价值。了解使用账面价值可能发生的不确定性，可以参考下面的表1-9，列出了营养成分（总氮、等价P_2O_5肥料中的磷和等价K_2O肥料中的钾）。这些数据来源不同，可参见表格脚注。其中包括从威斯康星州和艾奥瓦州大量养猪场和奶牛场中手机的平均数值，列明了奶牛场和养猪场深坑体系固态和液态粪肥的不同数据。

Table 1-9 Manure nitrogen, phosphorus and potassium concentrations from various dairy and swine sources that demonstrate the variability both within similar manure systems and across different manure systems and species. Concentrations are expressed as percentage

Type of System	Total N(%)	P_2O_5(%)	K_2O(%)
Dairy-solid[1]	0.13	0.07	0.12
Dairy-solid[2]	0.46	0.35	0.26

续表

Type of System	Total N(%)	P_2O_5(%)	K_2O(%)
Dairy Cow(solid)[3]	0.50	0.15	0.30
Dairy-liquid[1]	0.25	0.10	0.24
Dairy Cow (liquid)[3]	0.37	0.18	0.23
Swine-pit[1]	0.26	0.30	0.52
Swine-pit[4]	0.70	0.28	0.40
Grow-Finish Pig (deep pit)[3]	0.60	0.51	0.36

Sources:

1 Manure Analysis Update: 1998–2010 by John Peters. (6,371 solid samples, and 14,676 liquid samples for dairy analyses; 418 slurry samples for swine analyses).

2 UofI Dairy Farm outside stack pile –Oct 2012.

3 Midwest Plan Service (MWPS-18)

4 UofI Research & Extension data: 276 swine manure samples collected in 2013–14 from deep-pit grow-finish buildings over 13-month period.

检查养分浓度范围时可以立即发现采用"账面"或其他表列值对于实时营养管理决策造成的问题。下面逐条阐述了一些示例，请同时参照表1-10。

（1）收集并贮存固态粪肥的奶牛系统。表1-9的前3行列出了总氮（TN）、磷（P_2O_5）和钾（K_2O）的不同估测值。采用MWPS公布的数值（第3行，作为基本"账面价值"），可以看出，第1行中总氮，P_2O_5和K_2O的数值分别为74%、53%和60%；与之类似，第2行中的数值与MWPS值相比分别-8%、+133%和-13%。注意，第1行中的数值是6300个粪肥样本的中间值，一致地低于账面价值，然而第2行中某一研究奶牛场的单一估计值与账面价值相比，总氮和K_2O十分接近，但是P_2O_5远远高出账面价值。

（2）收集并贮存液态粪肥的奶牛系统。表1-9的中间两行比较了14600多个粪肥样本平均值和MWPS-18中提供的账面价值。总氮，K_2O和P_2O_5的差异分别为-32%、-44%和4%；也就是说，总氮和K_2O的账面价值远远高于实地检测得出的数值。

（3）从建筑物下方的坑中收集并贮存的猪系统粪便、尿和废水。表1-9的最后三行比较了两个不同的实地考察结果，第一个来自威斯康星州418份浆体样本，第二个来自最近从276份样本中获取的数据，此外还采用了MWPS-18的数值进行比较。两组实地研究及其分别于账面数值的差异惊人。威斯康星州的数据与账面价值的总氮，K_2O和P_2O_5差异分别为-57%、-41%和44%；而伊利诺伊州的数据差异分别为+17%、-45%和+11%；以伊利诺伊州的数据作为基准，威斯康星州的数据差异分别

为 -63%、7% 和 30%。

Table 1-10 Percentage differences between different sample means and the book values in MWPS-18, for dairy systems (solid, liquid) and a grow-finish swine system. Difference between swine samples for 418 slurry samples in Wisconsin with recent values from 276 samples taken by University of Illinois in 2013-14 are presented in last rows

Table of differences: Dairy			
Dairy-solid[1]	0.13	0.07	0.12
Difference from MWPS	-74%	-53%	-60%
Dairy-solid[2]	0.46	0.35	0.26
Difference from MWPS	-8%	133%	-13%
Dairy Cow (solid)[3]	0.5	0.15	0.3
Dairy-liquid[1]	0.25	0.1	0.24
Dairy Cow (liquid)[3]	0.37	0.18	0.23
delta	-32%	-44%	4%
Table of differences: Swine			
Swine-pit[1]	0.26	0.3	0.52
Difference from MWPS	-57%	-41%	44%
Swine-pit[4]	0.7	0.28	0.4
Difference from MWPS	17%	-45%	11%
Grow-Finish Pig (deep pit)[3]	0.6	0.51	0.36
Swine-pit[2]	0.26	0.3	0.52
Swine-pit[4]	0.7	0.28	0.4
Difference from ref. 4:	-63%	7%	30%

误差估计值量化得出的不同牲畜系统案例中的总氮，K_2O 和 P_2O_5 区别很大（表1-10），清楚地表明了为什么需要在对土地施肥之前先分析粪肥样本。中国对于分析粪肥样本，尤其是液态样本的实验室基础设施的缺乏，是一个重大的限制因素。

3. 作物的农学需求

作物的营养需求取决于许多因素，包括作物品类、土壤类型和肥力、地区和年份气象（降水、阳光）以及昆虫和疾病压力。为了进行养分管理规划，通常可以利用为当地或区域负责机构和种子供应商提供的建议值。这些建议值包括肥料化合物当量（例如可交付成果三中的表 1-5 至表 1-8）中体现的作物养护需求。作物养护需求建议可以根据不同的土壤类型、作物品种和生产阶段包含一两个方面到更多方面不等。作物可吸收的氮数量差异尤为明显，上限通常取决于环境或经济因素。总氮不直接作用于作物生长，但是小部分氨（铵态氮）可被作物吸收，并且随着时间推移，总氮中的有机成分会矿化成为铵态氮。总氮的矿化取决于土壤条件，如有机质、温度和湿度，进而影响到第二年可被作物吸收的土壤铵态氮。

随着植物新品种的演进和对于控制机制的科学理解的加深，对于作物氮，K_2O 和 P_2O_5 的建议也会改变。例如，在美国中西部，艾奥瓦州对于玉米的养护需求数值约为伊利诺伊州建议数值的 60%；而两个州的建议值依据均为玉米产量，与之形成对照的是欧洲，其"硝酸盐指令"力图将千克/公顷氮的应用限制到一个绝对数值之内。

4. 氮限定和磷限定土地施用粪肥养分预算表

在可交付成果三中给出了特定牲畜和作物系统的养分预算表。这些预算表所涉及的不确定因素包括前面部分讨论的所有因素（即了解粪肥养分含量和农学需求）。此外，对于养分管理规划的执行时基于空间同质假定的，因而在一年的施肥过程中，均将田地和粪肥视为静态的。事实上，田地的肥力、地形和土壤是可变的，因此在过去的十年中精细农业作物生产取得了扩展。在养分管理规划中很少会解决异质性程度问题，除了会把土地进行划分，并追踪相应的作物产量、土壤肥力和养分含量。

第二部分 不确定性影响以及对养分管理规划的潜在影响举例

本部分将研究一个有液态浆体收集和贮存系统的奶牛系统案例，该系统中的耕地只种植夏季玉米青贮，通过该案例，预计第一部分中描述的不确定性因素会产生的影响。该牲畜/作物系统的耕作模式对于氮的需求量相对较高，因此与其他系统如食用玉米相比可以吸收更多的磷，因为青贮饲料可以比谷物玉米清除掉更多的可吸收磷。可以在后文中通过引入冬小麦来延伸本研究，但是对于这个案例来说，为了便于理解控制不确定性的主要因素，只以单一作物作研究。

在可交付成果三中，养分预算基线体现为"示例场景 2"。对于有 1000 头奶牛的奶牛群，按照粪肥假定营养值和夏季玉米的养分需求，约需 193 公顷土地，施肥率为 127 吨/公顷。然而，要注意，这是针对之前没有氮含量的第一年粪肥施用情况而言的，假定每平方米 2.5 千克浆体，其中每平方米有 1 千克可吸收氮（需氧浆体），有机氮矿化因数为 25%。根据第 16 行所示，这样可以在第一年为作物提供每平方米 1.75 千克的有机氮。如果通过灌溉或播撒方式施肥，则氨挥发（损失）预计为 30%（第 11 行）。下文将概述这些假设中存在的不确定因素。

a. 浆体养分分析中的不确定因素：如之前讨论过，这一点造成的结果差异度可能超过 100%，取决于用水和浪费、饮食、贮存方法等。

b. 总氮量中的有机氮的比例是现成的：可变度很高，主要取决于收集和贮存方法。例如，有氧贮存的氨挥发率远远高于厌氧贮藏（但是气味影响度会低一些）。

c. 矿化因素：这一点取决于特定农场情景中的粪便收集和贮存，对于设施设计环节或改建过程,这一点是需要考虑的最重要的因素。

d. 由于施用方法所导致的总氮损失率:这一方面的差异可能很大,从滴灌方式的5%(甚至更低)到喷灌方式的30%以上。

上述 a 和 b 两种情况在施用率和土地要求方面类似。

对于该农场情景进行了一个简单的不确定因素分析,通过一系列的步骤来展现每种不确定因素对于最终粪肥施用率和所需土地面积的影响。

第一,浆体氮浓度降低 50%,例如,浆体因农场过量用水而被稀释。如果雨水可以进入系统,稀释浆体,或者是系统管理人员用大量水进行清洁,都有可能出现这种情况。此外,浆体的可吸收氮也降低了 50%,出现这种情况的原因可能是稀释,或者是固体-液体分离技术,在施用粪肥之前挥发了更多氨,或者把氨保留在了固态颗粒中。不论发生上述哪一种情况,每公顷的施用率都要增加 50%,需要的土地面积也会相应减少。

第二,矿化指数从 25%提高至 30%,即增加了 20%。如果液态浆体的贮藏方式是厌氧的,而非需氧的,就会发生这种情况。在这种情况下,当年的施用率会降低 6.3%,所需土地面积增加 7.2%。

第三,土地使用方法降低了 50%的损失,即从 30%到 15%。从示例中可以看出,浆体施用于表面,但是在 24 小时之内混合进了土壤里面。在这种情况下,施用率降低了 12.6%,所需土地面积增加了 14%。

Scenario	Nitrogen-Limiting Application Rate,m³/he(%)	Required Land Area for 1,000 cows, ha(%)
Base case	127	193
50% reduction slurry total nitrogen (TN)	254(+50%)	96.5(-50%)
20% increase in mineralization factor	119(-6.3%)	207(7.2%)
50% reduction in land application losses of ammonia	111(-12.6%)	220(14%)

第三部分 结 论

合理的养分管理规划必须采用关于粪肥养分、土壤养分、作物养分需求和影响养分流动的牲畜群系统物理因素的最可靠信息。本报告重点提到了影响养分管理过程的关键因素,并通过一个奶牛场模型估测了它们对于粪肥施用率和所需土地面积的影响。

五、环境保护局（EPA）管理的许可证计划：国家污染物排放削减制度

授权：《清洁水法案》，美国法典 33U.S.C.1251 及以下：

§122.21 许可证申请（适用于州计划，请参阅第 §123.25 节）。

（a）申请义务

（1）有排放或有计划排放污染物或拥有或运营"仅处理污泥设施"且其污水污泥的使用或处理实践受本章第 503 部分监管的不具备有效许可证的任何人（不包括在第 §122.3 节中的属于第 §122.28 节通用许可证涵盖范围的人除外），或除非局长根据第 §122.44（m）条另有要求之外的私营处理工厂的使用者，均须按照本节及本章第 124 部分向局长提交完整申请。有关集中型动物饲养场的要求在第 §122.23（d）条中进行说明。

（2）申请表

所有 EPA 许可证的申请者，须按照 EPA 许可证申请表的形式提交申请。取决于设施中的排放或排水口类型和数量可要求提交多份申请表。申请表可致电（电话：202 260-7786）、联系 EPA 水资源中心（美国环境保护局水资源中心，邮编：4100，地址：200 Pennsylvania Ave., NW., Washington, DC 20460）或访问 EPA 网站：www.epa.gov/owm/npdes.htm 获取。所有 EPA 许可证的申请须如下提交：

（A）除 POTWS（Public Owned Treatment Works，公共处理厂）和 TWTDS（Treatment Works Treating Domestic Sewage，生活污水处理厂）之外的所有申请人须提交表 1；

（B）新建和现有 POTWS 申请人须以表 2A 或局长规定的其他形式提交本节第（j）条所包含的信息；

（C）集中型动物饲养场或水生动物生产场申请人须提交表 2B。

[第 §122.21（a）至（h）条其余内容不特定于集中型动物饲养场，因此不收录在此处。]

新建和现有集中型动物饲养场及水生动物生产场的申请要求

新建和现有集中型动物饲养场（如第 §122.23 节所定义）和集中型水生动物生产场（如第 §122.24 节所定义）须使用局长提供的申请表提交下列信息：

集中型动物饲养场：

(ⅰ)所有者或经营者姓名；

(ⅱ)设施所在地和通讯地址；

(ⅲ)生产区的经纬度（生产区入口）；

(ⅳ)显示生产区具体位置的集中型动物饲养场所在地理区域的地形图，取代本节第(f)(7)款要求；

(ⅴ)开放式或圈舍饲养的动物数量和类型的具体信息[肉牛、肉鸡、蛋鸡、个重55磅（1磅≈0.45千克）以上的猪类、个重55磅以下的猪类、成年奶牛、小母奶牛、小肉牛、绵羊和羔羊、马、鸭、火鸡及其他]；

(ⅵ)粪便、垃圾和工艺废水的盛载、存储类型（厌氧塘、带顶存储棚、贮藏池、地下储粪坑、地上储罐、地下储罐、混凝土垫层、防渗土垫层及其他）和总存储量（吨/加仑，1加仑≈3.79升）

(ⅶ)申请者控制下的可用于粪便、垃圾或工艺废水土地利用的总土地面积（英亩数，1英亩≈0.40公顷）；

(ⅷ)每年预计产生的粪便、垃圾和工艺废水量（吨/加仑）；

(ⅸ)每年预计转至其他人处的粪便、垃圾和工艺废水量（吨/加仑）；

(ⅹ)至少满足第§122.42(e)条所规定要求的营养物管理计划，包括对联邦法规40 CFR第412部分、C分篇或D分篇下的所有集中型动物饲养场适用的联邦法规40 CFR 412.4(c)的要求。

[第§122.2节其余内容不特定于集中型动物饲养场，因此不收录在此处。]

§122.23 集中型动物饲养场（适用于各州NPDES计划，参阅第§123.25节）。

(a) 范围

如本节第(b)条所定义或根据本节第(c)条所指定的集中型动物饲养场，是执行本节所规定的NPDES许可证要求的点源污染。当某个动物饲养场被定义为至少一种动物的集中型饲养场时，那么针对集中型动物饲养场的NPDES要求适用于饲养场内圈养的所有动物及这些动物或生产所产生的粪便、垃圾和工艺废水，而不论动物类型如何。

(b) 本节适用定义

(1)"动物饲养场"（Animal Feeding Operation, AFO）指满足下列条件的一块土地或设施（除水产动物生产场外）：

(ⅰ)在任意一个1年内期内，动物已经、正在或将要被送进围栏或圈舍喂养或保持超过总数45天以上；

(ⅱ)正常生长季内，未在土地或设施内任一部分种植作物、蔬菜、饲料作物或留有采后残留。

（2）"集中型动物饲养场"（Concentrated Animal Feeding Operation，CAFO）指根据本条条款定义为大型集中型动物饲养场或中型集中型动物饲养场，或根据本节第（c）条指定为集中型动物饲养场的任一动物饲养场。同一人所有的两个或两个以上动物饲养场，若彼此相邻或使用同一区域或系统来处置废物，那么在确定饲养动物数量时可视为一个单一的动物饲养场。

（3）"土地利用区域"指动物饲养场所有者或经营者通过拥有、租用或租赁方式所控制的，生产区的粪便、垃圾或工艺废水施用或可施用于此的土地。

（4）"大型集中型动物饲养场"。围养或圈养的任意类别动物超过下列规定数目的动物饲养场视为大型集中型动物饲养场。

  （i）700头成年奶牛，无论是在产奶期或干奶期；

  （ii）1000头小肉牛；

  （iii）1000头成年奶牛或小肉牛之外的其他牛，包括但不限于小母牛、犍牛、公牛和带犊母牛；

  （iv）2500头个重55磅（1磅=0.454千克）或以上的猪；

  （v）10000头个重55磅以下的猪；

  （vi）500匹马；

  （vii）10000只绵羊或羔羊；

  （viii）55000只火鸡；

  （ix）若动物饲养场使用粪液处理系统，30000只蛋鸡或肉鸡；

  （x）若动物饲养场使用粪液处理系统之外的其他系统，125000只鸡（除蛋鸡外）；

  （xi）若动物饲养场使用粪液处理系统之外的其他系统，82000只蛋鸡；

  （xii）若动物饲养场使用粪液处理系统之外的其他系统，30000只鸭；

  （xiii）若动物饲养场使用粪液处理系统，5000只鸭。

（5）"粪便"包括粪便、垫料、堆肥以及与粪便混合或置于一旁进行处置的原料或其他材料。

（6）"中型集中型动物饲养场"。中型集中型动物饲养场包括饲养动物的类型和数量符合本节第（b）（6）（i）项所列范围且已被定义或指定为集中型动物饲养场的任何动物饲养场。符合下列条件的动物饲养场可定义为中型集中型动物饲养场：

  （i）围养或圈养的动物类型和数量符合下列范围；

    （A）200~699头成年奶牛，无论是在产奶期或干奶期；

    （B）300~999头小肉牛；

    （C）300~999头成年奶牛或小肉牛之外的其他牛，包括但不限于小母牛、犍牛、公牛和带犊母牛；

（D）750～2499头个重55磅或以上的猪；

（E）3000～9999头个重55磅以下的猪；

（F）150～499匹马；

（G）3000～9999只绵羊或羔羊；

（H）16500～54999只火鸡；

（I）若动物饲养场使用粪液处理系统，9000～29999只蛋鸡或肉鸡；

（J）若动物饲养场使用粪液处理系统之外的其他系统，37500～124999只鸡（除蛋鸡外）；

（K）若动物饲养场使用粪液处理系统之外的其他系统，25000～81999只蛋鸡；

（L）若动物饲养场使用粪液处理系统之外的其他系统，10000～29999只鸭；

（M）若动物饲养场使用粪液处理系统，1500～4999只鸭。

（ii）符合下列任一条件：

（A）污染物通过人工沟渠、冲洗系统或其他类型的人造装置排入美国水域；

（B）污染物直接排入发源于设施之外，越过、横越或穿越设施的或以其他方式直接接触到饲养场内圈养动物的美国水域。

（7）"工艺废水"指在动物饲养场的运营中直接或间接用于下列全部或任一活动的水：畜类或禽类给水系统的溢出或满溢；清洗、清洁或冲洗圈舍、牲口棚、粪池或其他动物饲养场设施；直接接触动物的游泳、清洗或喷淋冷却；或粉尘控制。工艺废水还包括与粪便、垃圾、饲料、奶、蛋或垫料等任何原料、产品或副产品接触的任何水。

（8）"生产区"指动物饲养场内包括动物圈养区、粪便存储区、原料存储区和废物封存区在内的区域。动物圈养区包括但不限于开放式饲养地、封闭式饲养地、饲养圈、圈养棚、畜栏、散栏畜舍、奶室、采奶中心、牛圈、仓院、医务室、步道、动物通道和畜舍。粪便存储区包括但不限于厌氧池、径流池、存储棚、存储堆、地下或窖藏处、蓄粪池、条垛堆肥和堆肥堆。原料存储区包括但不限于进料仓、青料库和垫料。废物封存区包括但不限于沉淀池以及用于分隔未污染雨水的护堤和改行道内的区域。生产区的定义中还包括任何蛋清洗或加工处理设施以及任何存放、处理、处置死畜/死禽的区域。

（9）"小型集中型动物饲养场"指被认定为集中型但非中型动物饲养场的动物饲养场。

（c）动物饲养场如何被指定为集中型动物饲料场？

相应的主管机构［即本节第（c）（1）款所规定的"州局长"或"地区主管（Regional Administrator）"，或两者皆可］可判定一家动物饲养场是美国水域污染物的主要贡献者，而据此指定其为集中型动物饲养场。

（1）谁可指定？

（i）经批准的各州。在 EPA 根据第 123 部分批准或授权的各州，可由各州局长来指定集中型动物饲养场。在经批准的各州，仅在地区主管已判定，动物饲养场排放的一种或多种污染物对下游或相邻州、印第安保留区的水域造成损害时，也可由地区主管来指定；

（ii）没有 EPA 许可计划的州。在没有许可计划的州以及无实体有明确权限的印第安保留区，可由地区主管来指定集中型动物饲养场，他们已获 EPA 明确授权来执行 NPDES 计划。

（2）州局长或地区主管在做出这一指定时，应考虑以下因素：

（i）动物饲养场规模及进入美国水域的废物量；

（ii）动物饲养场所在位置与美国水域的相对性；

（iii）动物废物和工艺废水进入美国水域的方式；

（iv）影响动物废物、粪便、工艺废水排入美国水域的可能性或频率的坡度、植被、降水及其他因素；

（v）其他相关因素。

（3）在州局长或地区主管已对动物饲养场进行实地考察并判定动物饲养场的运营必须且可以接受许可证计划的监管后，才可做出指定。此外，饲养动物数量低于本节第（b）（6）款所规定时动物饲养场的不得指定为集中型动物饲养场，除非：

（i）污染物通过人工沟渠、冲洗系统或其他类型的人造装置排入美国水域；

（ii）污染物直接排入发源于设施之外，越过、横越或穿越设施的或以其他方式直接接触到饲养场内圈养动物的美国水域。

（d）谁必须寻求 NPDES 许可证的监管？

（1）许可证要求。若一家集中型动物饲养场排放或计划排放污染物，则该饲养场所有者或经营者必须寻求 NPDES 许可证的监管。计划排放指集中型动物饲养场的设计、建造、运营或维护时将会发生排放。确切地说，集中型动物饲养场所有者或经营者必须申请单独的 NPDES 许可证，或提交接受 NPDES 通用许可证监管的意向通知。若局长未向集中型动物饲养场签发通用许可证，则该饲养场所有者或经营者必须向局长提出单独许可证申请。

（2）提交许可证申请或意向通知时须提供的信息。单独许可证申请必须包括第 $122.21 节所规定的信息。通用许可证的意向通知必须包括第 §122.21 节和第 §122.28 节所规定的信息。

（e）集中型动物饲养场的土地利用排放要遵守 NPDES 要求

集中型动物饲养场在将粪便、垃圾或工艺废水施用于所控制土地区域而造成粪便、垃圾或工艺废水排入美国水域时，这一排放须遵守 NPDES 许可证要求，美国法典 33U.S.C. 1362（14）所规定的农业雨水排放除外。在本条中，当根据第 122.42（e）(1)（vi）项至（ix）项规定，将粪便、垃圾或工艺废水根据特定营养物管理实践进行利用以确保这些粪便、垃圾或工艺废水中的营养物得到适当的农业利用时，集中型动物饲养场所控制土地区域上与降水有关的粪便、垃圾或工艺废水排放视为农业雨水排放。

（1）对于未经许可的大型集中型动物饲养场，该饲养场所控制土地区域上与降水有关的粪便、垃圾或工艺废水排放，只有在根据第 §122.42（e）(1)（vi）项至（ix）项规定，将粪便、垃圾或工艺废水根据特定营养物管理实践进行利用以确保这些粪便、垃圾或工艺废水中的营养物得到适当的农业利用时，才应被视为农业雨水排放。

（2）未经许可的大型集中型动物饲养场必须在现场或在邻近办公室保存第 $122.42（e）(1)（ix）项所规定的文件，或随时以其他方式按要求将此文件提交局长或地区主管。

（f）集中型动物饲养场所有者或经营者必须在何时寻求 NPDES 许可证的监管？

根据本节第（d）(1) 款寻求许可证监管的任何动物饲养场必须在其计划排放时寻求监管，除非如下规定了更晚期限。

（1）2003 年 4 月 14 日前被定义为集中型动物饲养场的企业。对根据 2003 年 4 月 14 日前有效的规定定义为集中型动物饲养场的企业，其所有者或经营者必须自 2003 年 4 月 14 日起已经或寻求获得 NPDES 许可证的监管，并遵守包括根据本节（g）条规定保持许可证监管义务在内的所有适用的 NPDES 要求。

（2）2003 年 4 月 14 日之前未定义，但自该日期起被定义为集中型动物饲养场的企业。在 2003 年 4 月 14 日之前未定义，但自该日期起被定义为集中型动物饲养场的企业，其所有者或经营者必须在 2009 年 2 月 27 日之前寻求获得 NPDES 许可证的监管。

（3）2003 年 4 月 14 日之后被定义为集中型动物饲养场的但非新的污染源的企业。2003 年 4 月 14 日后新建的集中型动物饲养场和对其经营做出调整从而被首次定义为集中型动物饲养场、但非新污染源的企业，其所有者或经营者必须根据如下方式寻求获得 NPDES 许可证的监管：

（ⅰ）新建但不受污染限制准则监管的集中型动物饲养场，在其开始运营前 180 天；

（ⅱ）其他企业（如因饲养动物数量增加而新建企业），在其被定义为集中型动物饲养场后尽快办理，但不得晚于 90 天内；

（ⅲ）若使企业成为集中型动物饲养场的运营调整未能在 2003 年 4 月 14 日之

前使其成为集中型动物饲养场，则取 2009 年 2 月 27 日之前或成为集中型动物饲养场后 90 天中的较晚日期。

（4）新污染源。新污染源的所有者或经营者必须至少在集中型动物饲养场开始运营前的至少 180 天寻求获得许可证的监管。

（5）指定为集中型动物饲养场的企业。对根据本节第（c）条指定为集中型动物饲养场的企业，其所有者或经营者必须在收到指定通知后的不晚于 90 天寻求获得许可证监管。

（g）保持许可证监管的职责

在许可证到期前不晚于 180 天或局长规定的期限内，任何已获许可的集中型动物饲养场必须根据第 §122.21（d）条提交许可证更新申请，集中型动物饲养场在许可证到期后不再排放或无计划排放的情况除外。

（h）集中型动物饲养场寻求通用许可证监管的程序

（1）集中型动物饲养场所有者或经营者在根据第 §122.28（b）条寻求通用许可证下的排放授权时，须提交"意向通知"。局长对饲养场所有者或经营者提交的意向通知进行审查，以确保该意向通知包括第 §122.21（i）（1）款所要求的信息，其中包括满足第 §122.42（e）条要求及适用的污水限制和标准和联邦法规 40 CFR 第 412 部分要求的一项营养物管理计划。局长可要求饲养场所有者或经营者提供更多信息，来完善意向通知或对此前提交的意向通知进行说明、修改或补充。若局长初步判定这一意向通知符合第 §122.21（i）（1）款和第 §122.42（e）条要求，他必须公示这一授予集中型动物饲养场许可证监管的提议，并征求公众对所提交的意向通知及其所包括的营养物管理计划、纳入许可证中的营养物管理计划条款草案的意见和建议。征求公众意见和请求听证的过程，以及若批准举行听证时的听证程序，必须遵守联邦法规 40 CFR 124.11 至 124.13 所规定的适用于拟发许可证的程序。局长可依据规则或在通用许可证中，制定不同于联邦法规 40 CFR 124.10 所规定时间的合适的征求公众意见和举行听证的时段。局长必须按照联邦法规 40 CFR 124.17 规定，对征求意见期内所收到的重要意见做出回应，必要时可要求集中型动物饲养场所有者或经营者修改其营养物管理计划以获得许可证的授予。当局长授予集中型动物饲养场所有者或经营者通用许可证下的监管时，营养物管理计划的条款应作为条款和条件而纳入许可证中。局长应通知集中型动物饲养场所有者或经营者，并告知公众：已授予相关许可证的监管以及营养物管理计划条款已作为条款和条件被纳入适用于集中型动物饲养场的许可证中。

（2）仅适用于 EPA 颁发的许可证。地区主管应通知已对授予许可证监管提议及营养物管理计划条款草案提出书面意见或要求告知许可证最终决定的每个人。这一通知中应包括已授予许可证监管的通知以及作为条款和条件而被纳入适用于集中型动物饲养场许可证中的营养物管理计划条款。

（3）(h)条中的任何规定不得影响局长根据第$122.28（b）(3）款规定要求集中型动物饲养场获取单独许可证的权力。

（i）无排放认证选项

（1）符合本节第（1）(2)款资格标准的集中型动物饲养场所有者或经营者可向局长证明其无排放或排放计划。若集中型动物饲养场根据本节第（1）(2)款和第（3）款要求设计、建设、经营和维护并符合本节第（1）(4)款限制标明，则证明其无排放或无排放计划的集中型动物饲养场所有者或经营者不要求根据本节第（d）(1)款规定寻求NPDES许可证的监管。

（2）资格标准。为证明集中型动物饲养场无排放或无排放计划，其所有者或经营者必须在对饲养场条件进行客观评估的基础上，如下所示来证明饲养场的设计、建设、经营和维护的方式不会造成排放：

（i）集中型动物饲养场生产区的设计、建设、运营和维护不会造成排放。集中型动物饲养场必须保留如下证明文件：

（A）基于根据联邦法规第40 CFR 412.46（a）(1)(i)至(viii)所规定的技术评估要素而进行的技术评估，任何开放式粪便存储结构的设计、建设、运营和维护不会造成排放；

（B）本节第（i）(2)(i)(A)项未涉及的集中型动物饲养场生产区任何部分的设计、建设、运营和维护不会造成粪便、垃圾或工艺废水的排放；

（C）集中型动物饲养场执行联邦法规40 CFR 412.37（a）和（b）所规定的其他措施。

（ii）集中型动物饲养场已制定并不断更新营养物管理计划，以确保包括在其控制下的所有土地利用区域在内的饲养场无排放，这一计划至少包括下列内容：

（A）第§122.42（e）(1)(i)至(ix)项和联邦法规40 CFR 412.37（c）所规定的要素；

（B）所有确保无排放的必要特定运营和维护实践，包括根据本节第（i）(2)(i)(A)项技术评估所确定的任何实践或条件；

（iii）集中型动物饲养场必须在现场或在邻近办公室保存本条所要求的文件或随时以其他方式按要求将此文件提交局长或地区主管。

（3）提交局长。为证明集中型动物饲养场无排放或无排放计划，该饲养场所有者或经营者必须采用挂号信或其他等效的证明文件方式，完成并向局长提交至少包括下列信息的认证：

(i）集中型动物饲养场所有者或经营者依法登记的名称、地址和电话[请参阅第§122.21（b）条];

(ii）集中型动物饲养场的名称和地址、所有地县名和经纬度;

(iii）说明集中型动物饲养场符合本节第（i）（2）款资格标准的认证基础;

(iv）下列认证声明:"本人在此做出如下证明,如有不实甘受法律处罚:本人为认定为[集中型动物饲养场名称]的一家集中型动物饲养场的所有者或经营者,上述集中型动物饲养场符合联邦法规40 CFR 122.23（1）的要求。我已阅读和了解联邦法规40 CFR 122.23（1）（2）关于认证集中型动物饲养场无排放或无排放计划的资格要求,并进一步证明该饲养场符合相关的资格要求。联邦法规40 CFR 122.23（1）（3）所要求提供的信息已作为本证明的一部而包括其中。我也已经了解联邦法规40 CFR 122.23（i）（4）（5）和（6）中有关认证丢失和撤销的条件。我在此做出如下证明,如有不实甘受法律处罚:这一认证所要求的本文件和其他文件是在我的指定或监督下完成的,并由胜任的工作人员收集,且已对所提交信息做出评估。基于对直接参与信息收集和评估人员的调查,我所知并相信所提交信息是真实、准确和完整的。我知道若提交虚假信息将会受到严厉处罚,这其中包括因明知故犯而可能受到的罚款和监禁。";

(v）本认证必须按照联邦法规40 CFR 122.22的签署要求而签署。

(4）认证时限。符合本节第（i）（2）款和第（i）（3）款要求的认证应自提交之日起生效,除非局长另规定提交之日后30天内的一个生效日期。认证有效期5年或直至认证不再有效或被撤销,以先到日期为准。在集中型动物饲养场已产生排放或不再符合本节第（i）（2）款的资格标准时,认证不再有效。

(5）撤销认证。

(i）集中型动物饲养场可随时通过挂号信或其他等效的证明文件方式,通知局长来撤销认证。认证自提交通知之日撤销。集中型动物饲养场在向局长提交的撤销通知中无需说明撤销认证的原因。

(ii）若某一认证根据本节第（i）（4）款规定而无效,则集中型动物饲养场必须在获悉认证无效之日起的3天内撤销认证。当集中型动物饲养场的认证不再有效时,该饲养场若排放或有计划排放,则需根据本节第（d）（1）款要求寻求许可证的监管。

(6）重新认证。此前已证明其不排放或无排放计划的集中型动物饲养场可根据本节第（i）条重新认证,不过在集中型动物饲养场已排放时,该饲养场只需重新认证是否符合下列额外条件:

（i）集中型动物饲养场在排放时，已做出有效的认证；

（ii）所有者或经营者符合本节第（1）(2)款的资格标准，包括对该饲养场的设计、建设、经营和/或维护进行任何必要的修改以彻底解决排放原因并确保这一原因未来不造成排放；

（iii）集中型动物饲养场此前未曾在同一原因排放后做出重新认证；

（iv）所有者或经营者向局长提交下列文件以供审查：除根据本节第（1)(3)款提交认证外，还对排放日期、时间、原因、持续时间、大概排放量等排放信息进行说明并详细解释该饲养场就彻底解决排放原因所采取的措施；

（v）即使有本节第（i)(4)款规定，符合本节第（i)(6)(iii)项和第（i)(6)(iv)项要求的重新认证应仅在提交重新认证材料后的30天内生效。

（j）认证的效力

（1）根据本节第（i）条认证的未经许可的集中型动物饲养场被认定无排放计划。若该集中型动物饲养场确实排放污染物，这并不违反有排放计划的集中型动物饲养场要根据本节第（d)(1)款和第（f）条就此排放寻求许可证监管的要求。在所有情况下，未获得许可的污染物排放违反《清洁水法》第301（a）节关于"禁止点源污染未经授权排放"的规定。

（2）在未获许可的集中型动物饲养场因未根据本节第（d)(1)款或第（f）条规定就排放寻求许可证监管而采取的执法程序中，当集中型动物饲养场未在排放前的至少5年内提交本节第（i)(3)款或第（i)(6)(iv)项所规定的认证文件或根据本节第（1)(5)款撤销认证时，应由该饲养场在排放前认证其并无排放计划。依照本节第（1)(2)款标准进行的设计、建设、运营和维护符合这一义务。

§122.28 通用许可证（适用于州 NPDES 计划，参阅第 §123.25 节）。

［第 §122.28 节的第一部分（a）条至（b)(2)款不特定于集中型动物饲养场，因此不收录在此处。］

［§122.28（b)(2)授权排放或授权参与污泥使用和处置实践］

（ii）意向通知的内容必须在通用许可证中进行详细说明，并要求提交适当的计划执行所需的必要信息，至少包括所有者或经营者依法登记的名称和地址、设施名称和地址、设施或排放类型以及污染物接收河流。与闲置采矿、油气运营或发生在联邦土地上无法认定经营者的闲置垃圾填埋等工业活动有关的雨水排放通用许可证，可包含另外的意向通知要求。所有意向通知必须根据第 §122.22 节签署。集中型动物饲养场寻求通用许可证监管的意向通知应包括地形图在内的第 §122.21（i)(1)款所规定的信息。

［第§122.28（b）(2)(ⅲ)项至(ⅵ)项不特定于集中型动物饲养场，因此不收录在此处。］

（ⅶ）只有根据第§122.23（h）条所规定的程序，集中型动物饲养场所有者或经营者可授权根据通用许可证进行排放。

［第§122.28节其余内容不特定于集中型动物饲养场，因此不收录在此处。］

§122.42 适用于NPDES许可证特定类别的附加条件（适用于各州NPDES计划，参阅第§123.25节）。

［第§122.42节第一部分（a）至（d）条－不特定于集中型动物饲养场，因此不收录在此处。］

（e）集中型动物饲养场。

颁发给集中型动物饲养场的任何许可证必须包括本节第（e）(1)款至第（e）(6)款的要求：

（1）执行营养物管理计划的要求。颁发给集中型动物饲养场的任何许可证必须包括执行营养物管理计划的要求，该管理计划至少包括以满足本条要求以及联邦法规40 CFR第412部分规定等适用的污水限制和标准而必要的最佳管理实践。营养物管理计划在适用范围内，必须：

（ⅰ）确保粪便、垃圾和工艺废水的适当存储，包括确保正确操作和维护存储设施的程序；

（ⅱ）确保对死亡畜体（即死亡动物）的适当管理，以保证不在非专门用于处理死亡畜体的粪液、雨水或工艺废水存储或处理系统中处置死亡畜体；

（ⅲ）根据情况，确保清洁水从生产区分流；

（ⅳ）防止圈养动物与美国水域的直接接触；

（ⅴ）确保不在任何粪便、垃圾、工艺废水或雨水的存储或处理系统中处置现场处理的化学品和其他污染物，除非该系统进行专门设计用以于处理此类化学品和其他污染物；

（ⅵ）制定并实施适当的特定保护措施，包括适当的缓冲区或其他等效实践，以控制污染物泾流流向美国水域；

（ⅶ）拟定适当的粪便、垃圾、工艺废水和土壤检测规则；

（ⅷ）为根据特定营养物管理实践对粪便、垃圾或工艺废水进行土地利用以确保这些粪便、垃圾或工艺废水中的营养物得到适当的农业利用而制定规则；

（ⅸ）制定具体的记录，以记录对本节第（e）(1)(i)项至第（e）(1)(ⅷ)项所述的最基本要素的实施和管理情况。

（2）记录要求。
　　（i）持证人须建立和保持 5 年的以下记录，并应局长要求提交此记录：
　　　　（A）本节第（e）(1)(ix) 项所确定的所有适用记录；
　　　　（B）此外，受制于联邦法规 40 CFR 第 412 部分的所有集中型动物饲养场必须遵守第 §412.37（b）条和（c）条以及第 §412.47（b）条和（c）条所规定的记录要求。
　　（ii）现场须保留集中型动物饲养场的特定营养物管理计划副本，并应要求提交局长。

（3）与将粪便或工艺废水转至他人有关的要求。在将粪便、垃圾或工艺废水转至他处之前，大型集中型动物饲养场必须向粪便、垃圾或工艺废水的接收人提供最新的营养物分析。所提供的分析必须符合联邦法规 40 CFR 第 412 部分的要求。大型集中型动物饲养场必须保留 5 年的相关纪录，包括粪便、垃圾或工艺废水转至他人的日期、接收人名称和地址以及转移的粪便、垃圾或工艺废水量。

（4）集中型动物饲养场的年度报告要求。持证人必须向局长提交年度报告。年度报告则必须包括：
　　（i）开放式或圈舍饲养的动物数量和类型（肉牛、肉鸡、蛋鸡、个重 55 磅及以上的猪、个重 55 磅以下的猪、成年奶牛、小母奶牛、小肉牛、绵羊和羔羊、马、鸭、火鸡及其他）；
　　（ii）过去 1 年内集中型动物饲养场估计产生的粪便、垃圾和工艺废水总量（吨/加仑）；
　　（iii）过去 1 年内集中型动物饲养场估计转至他人的粪便、垃圾和工艺废水总量（吨/加仑）；
　　（iv）根据本节第（e）(1)款所制定的营养物管理计划所涵盖的土地利用总面积（英亩数）（1 英亩 ≈ 4046.86 平方米）；
　　（v）过去 1 年内集中型动物饲养场控制下的用于粪便、垃圾和工艺废水土地利用的总面积（英亩数）；
　　（vi）过去 1 年内生产区所产生的所有粪便、垃圾和工艺废水排放综述，包括排放日期、时间和估计排放量；
　　（vii）说明集中型动物饲养场营养物管理计划的现行版本是否由具有相应资质的营养物管理计划者制定或批准的声明；
　　（viii）此前 1 年内每块田地的实际种植作物和实际产量，粪便、垃圾和工艺废水的实际氮磷含量，根据本节第（e）(5)(i)(B) 项和第（e)(5)(ii)(D) 项所进行的计算结果，施用于每块田地的粪便、垃圾和工艺废水量；对根据本节第（e）(5)(ii)项执行营养物管理计划来解决利用率的任何集中型动物饲养场，过去1年内进行的任何土壤氮磷检测结果，根据本节第（e）(5)(ii)(D)项所进行计算中使用的数据，以及过去1年内所施用的任何补肥量。

（5）营养物管理计划条款。颁发给集中型动物饲养场的任何许可证必须遵守该饲养场的特定营养物管理计划条款。营养物管理计划的条款指该计划中由局长所确定的以满足本节第（e）(1)款要求而必要的信息、规则、最佳管理实践以及其他条件。营养物管理计划中有关根据本节第（e）(1)(viii)项及适用的联邦法规 40 CFR 412.4（c）要求而进行的粪便、垃圾或工艺废水土地利用规则的条款，必须包括可用于土地利用的田地；根据本节第（e）(5)(i)项至(ii)项规定，适当制定具体的土地利用率，以确保粪便、垃圾或工艺废水中的营养物得到适当的农业利用；以及营养物管理计划中有关可用土地的任何土地利用时间安排限制。营养物管理计划条款须采用下列两种方式之一来表示利用率，除非局长指定仅可使用其中的某种方法：

(i) 线性方法。这种方法根据下列说明，用氮磷的磅数来表示利用率：

（A）条款包括按营养物管理计划所确定的每种作物、局长认可接受的化学形态、每英亩磅值、每年、用于土地利用的每块田地以及确定这一应用率的某些必要因素来表示许可证监管期内每年的粪便、垃圾和工艺废水的最大利用率。条款至少要包括以下因素：对每块田地可能的氮磷转移进行的具体分析结果；每块田地内所种植作物或牧草、休耕等其他田地用途；每块田地每种作物或指定用途的实际产量目标；局长详述的每块田地每种作物或指定用途的氮磷来源建议；土地中所有植物可用的氮信用值；多年施磷考虑；并说明田地另增的植物可用氮磷量。此外，计划条款还包括施用于土地的粪便、垃圾和工艺废水形式和来源；土地利用的时间安排和方式；营养物管理计划中用于解释说明施用于土地的粪便、垃圾和工业废水中的氮磷量方法。

（B）采用这一方法的大型集中型动物饲养场必须使用自土地利用之日起1年内所进行的最新、最具代表性的粪便、垃圾和工艺废水氮磷检测结果来每年至少计算一次施用于土地的粪便、垃圾和工艺废水的最大量。

(ii) 叙述方法。这种方法根据下列说明，对利用率进行叙述说明来产生施用于土地的粪便、垃圾和工艺废水量（吨或加仑）：

（A）条款包括营养物管理计划确定的每种种物、局长认可接受的化学形式、每英亩磅值、用于土地利用的每块田地以及确定这一应用率的某些必要因素而表示的从所有营养物来源处获取的最大氮磷值。条款至少要包括以下因素：对每块田地可能的氮磷转移进行的具体分析结果；每块田地内所种植作物或牧草、休耕等其他田地用途[包括根据本节第（e）(5)(ii)(B)项所确定的替代作物]；每块田地每种作物或指定用途的实际产量目标；局长详述的每块田地每种作物或指定用途的氮磷来源建议。此外，条款包括营养物管理计划在计算施用于土地的粪便、垃圾和工业废水量时用于解释说明下列因素的方法：按照本节第（e）(1)(vii)项要求，根据营养物管理计划中所确定规则进行的土壤检测结果；土地中所有植物可用的氮信用值；施用于土地的粪便、垃圾和工艺废水中的氮磷量；多年施磷考虑；说明田地另增的植物可用氮磷量；施用于土地的粪便、垃圾和工艺废水形式和来源；土地利用的时间安排和方式；以及氮挥发和有机氮矿化。

（B）营养物管理计划的条款包括该计划所确定的、但不在计划轮作中的替代作物。当集中型动物饲养场在其营养物管理计划中包括替代作物时，除该田地计划轮作中的作物外，还须按地列出替代作物。营养物管理计划必须包括每块田地的实际作物产量目标及局长所确定的氮磷来源建议。饲养场必须根据本书第（e）(5)(ii)(A)项所述方法来确定所有营养物来源中的最大氮磷值和施用于土地的最大粪便、垃圾和工艺废水值。

（C）对于使用该方法的集中型动物饲养场，在其向局长递交的营养物管理计划中必须包括下列预测，但这些预测不属于营养物管理计划条款：许可证监管期内，每块田地的计划轮作安排；将施用于土地的粪便、垃圾或工艺废水预测量；土地中所有植物可用的预测氮信用；多年施磷考虑；说明田地另增的植物可用氮磷量；以及施用于每种作物的粪便、垃圾和工艺废水形式和来源。每块田地的利用时间安排因涉及利用率的计算，不作为营养物管理计划的条款之一。

（D）采用这一方法的大型集中型动物饲养场，必须在施用粪便、垃圾和工艺废水之前，采用本节第（e）(5)(ii)(A)项所规定方法并依赖下列数据，每年至少计算一次施用于土地的粪便、垃圾和工艺废水最大量：

①计算具体的土壤氮磷水平，包括使用本节第（e）(5)(ii)(A)项所规定方法同时计算植物可用氮值；根据局长批准的土壤检测要求而进行的最新土壤检测结果来获得含磷值。

②自土地利用之日起1年内所进行的最新、最具代表性的粪便、垃圾和工艺废水氮磷检测结果，以确定施用于土地的粪便、垃圾和工艺废水中的氮磷量。

（6）修改营养物管理计划。当集中型动物饲养场所有者或经营者对此前已提交至局长的营养物管理计划做出修改时，颁发给该饲养场的任何许可证必须要求遵守下列程序：

(i) 集中型动物饲养场必须向局长提供饲养场最新版本的营养物管理计划，并说明对此前版本所做的修改，不过根据本节第（e）(5)(i)(B) 项和第（e）(5)(ii)(D) 项要求所进行的计算结果不受本节第（e）(6) 款要求的限制。

(ii) 局长必须对修订的营养物管理计划进行审查，以确保其符合本条要求以及包括联邦法规 40 CFR 第 412 部分规定在内的适用污水限制和标准，并必须判定对营养物管理计划所做的修改是否有必要修订纳入颁发给集中型动物饲养场许可证中的营养物管理计划条款。若这些条款无修改必要，那么局长必须通知集中型动物饲养场的所有者或经营者，该饲养场在收到这一通知后可执行修订后的营养物管理计划。若这些条款有必要修改，那么局长必须判定这些修改是否为本节第（e）(6)(iii) 项所规定的实质性修改。

(A) 若局长判定对营养物管理计划条款所做修改非实质性修改，那么局长必须公示修订后的营养物管理计划并将其包括在许可证记录中，同时修改纳入许可证中的营养物管理计划条款，并将任何这类修改通知饲养场所有者或经营者和告知公众。

(B) 若局长判定对营养物管理计划条款所做修改为实质性修改，那么局长将告知公众，并将集中型动物饲养场所有者或经营者拟做修改及所提交信息进行公示以征求公众意见。征求公众意见、听证请求以及若举行听证的听证程序必须遵守联邦法规 40 CFR 124.11 至 124.13 所规定的适用于拟发许可证的程序。局长可依据规则或在集中型动物饲养场的许可证中，对拟做修改制定不同于联邦法规 40 CFR 124.10 条所规定时间的合适的征求公众意见和举行听证的时段。局长必须按照联邦法规 40 CFR 124.17 规定，对征求意见期内所收到的重要意见做出回应，必要时可要求集中型动物饲养场所有者或经营者进一步修改营养物管理计划，以便批准对纳入许可证的营养物管理计划条款所做的修改。当局长将修订后的营养物管理计划条款纳入许可证时，他应通知饲养场所有者或经营者，并告知公众有关许可证条款和条件所做修订的最终决定。

(iii) 对作为许可证条款和条件而纳入其中的营养物管理计划所做的实质性修改包括但不限于：

(A) 此前未包括在集中型动物饲养场营养物管理计划中的新增土地利用区域。不过当营养物管理计划新增的土地利用区域根据本节第（e）(5) 款要求，已涵盖在纳入现有 NPDES 许可证中的营养物管理计划条款内，且集中型动物饲养场所有者或经营者根据适用于新增土地利用区域的现有具体土地许可证条款，将粪便、垃圾或工艺废水施用于新增土地利用区域时，这样的新增土地是对集中型动物饲养场所有者或经营者新营养物管理计划的修改，但非本节所言的实质性修改。

（B）如本节第（e）(5)(i)项规定，对具体的土地利用最大年利用率所做的任何修改，如本节第（e）(5)(ii)项规定，对每种作物所有营养物来源的最大氮磷值所做的任何修改。

（C）增加未曾包括在集中型动物饲养场营养物管理计划条款中的任何作物或其他用途，以及根据本节第（e）(5)款所表示的相应具体土地利用率。

（D）对集中型动物饲养场营养物管理计划特定要素所做的修改，这一修改可能增加氮磷输入美国水域的风险。

(iv) 仅适用于EPA颁发的许可证。在将修订后的营养物管理计划条款纳入许可证时，联邦法规40 CFR 124.19规定了许可证决定的上诉程序。除联邦法规40 CFR 124.19规定的程序外，任何人若希望就许可证决定提出上诉，则必须已提交意见或参与公众听证。

§122.62 修改、撤销和重新发放许可证（适用于州计划，参阅第§123.25节）。

[第§122.62（a）(1)款至(16)款不特定于集中型动物饲养场，因此不收录在此处。]

[§122.62（a）修改原因]（17）营养物管理计划。当集中型动物饲养场根据第§122.23（h）条和第§122.28节获取通用许可证的监管时，将该饲养场的营养物管理计划条款纳入这一通用许可证的条款和条件中并不成为根据本节要求做出修改的原因。

[第122.62节其余内容不特定于集中型动物饲养场，因此不收录在此处。]

§122.63 对许可证所做的小修改。

[第§122.63（a）至（g）条不特定于集中型动物饲养场，因此不收录在此处。]

（h）将已根据第§122.42（e）(6)款要求所做修改纳入集中型动物饲养场的营养物管理计划条款中。

§123.36 为集中型动物饲养场制定技术标准。

若各州尚未制定符合联邦法规40 CFR 412.4（c）(2)要求的营养物管理技术标准，

则局长应在第 §123.62（e）条所规定日期前制定这一标准。

第 412 部分　集中型动物饲养场点源污染分类

权限： 美国法典 33 U.S.C.1311,1314,1316,1317,1318,1342 和 1361。

§412.1 普遍适用性。

本部分规定适用于集中型动物饲养场的粪便、垃圾和／或工艺废水排放。本部分下的制造和／或农业活动通常根据下列一个或多个"标准产业分类（Standard Industrial Classification, SIC）"代码来报告：SIC 0211，SIC 0213，SIC 0214，SIC 0241，SIC 0251，SIC 0252，SIC 0253，SIC 0254，SIC 0259，或 SIC 0272（"1987 年标准产业分类手册"）。

§412.2 一般定义。

在本部分中：

（a）适用联邦法规 40 CFR 第 401 部分的通用定义和缩写。

（b）"动物饲养场"和"集中型动物饲养场"如联邦法规 40 CFR 122.23 所定义。

（c）"粪便大肠杆菌"指联邦法规 40 CFR 136.3 表 1A 中的细菌数（参数一），这一部分也提及允许使用的分析方法。

（d）"工艺废水"指在集中型动物饲养场的运营中直接或间接用于下列全部或任一活动的水：畜类或禽类给水系统的溢出或满溢；清洗、清洁或冲洗圈舍、牲口棚、粪池或其他集中型动物饲养场设施；直接接触动物的游泳、清洗或喷淋冷却；或粉尘控制。工艺废水还包括与粪便、垃圾、饲料、奶、蛋或垫料等任何原料、产品或副产品接触的任何水

（e）"土地利用区域"指动物饲养场所有者或经营者通过拥有、租用或租赁方式所控制的、生产区的粪便、垃圾或工艺废水施用或可施用于此的土地。

（f）"新污染源"如联邦法规 40 CFR 122.2 所定义。新污染源标准如联邦法规第 40 CFR 122.29（b）所定义。

（g）"溢出"指因废水或粪便存储结构的装入量超过了结构所能承载的粪便、工艺废水或雨水量而导致排出粪便或工艺废水。

（h）"生产区"指动物饲养场内包括动物圈养区、粪便存储区、原料存储区和废物封存区在内的区域。动物圈养区包括但不限于开放式饲养地、封闭式饲养地、饲养圈、圈养棚、畜栏、散栏畜舍、奶室、采奶中心、牛圈、仓院、医务室、步道、动物通道和畜舍。粪便存储区包括但不限于厌氧池、径流池、存储棚、存储堆、地下或窖藏处、蓄粪池、条垛堆肥和堆肥堆。原料存储区包括但不限于进料仓、青料库和垫料。废物封存

区包括但不限于沉淀池以及用于分隔未污染雨水的护堤和改行道内的区域。生产区的定义中还包括任何蛋清洗或加工处理设施以及任何存放、处理、处置死畜/死禽的区域

（i）"10年24小时降水过程、25年24小时降水过程、100年24小时降水过程"指10年、25年或100年内可能重复间隔的降水过程，如美国国家气象局（National Weather Service）在1961年5月第40号技术文件："美国降水频率图集"或根据这一资源形成的相同地区或州降水可能性信息所定义。

（j）"分析方法"。本部分中所规范或提及的并与联邦法规40 CFR 136.3 表1B中与认可分析方法并列的参数定义如下：

（1）氨（N）指发布为氮的氨。

（2）BOD5指5日生化需氧量。

（3）硝酸盐（N）指发布为氮的硝酸盐。

（4）"溶解性固体总量"指不可过滤性残留。

（k）本部分中所规范或提及的并与联邦法规40 CFR 136.3 表1A中与认可分析方法并列的参数定义如下：

（1）粪便大肠杆菌指粪便大肠杆细菌。

（2）总大肠菌群指所有的大肠细菌群。

§412.3 通用预处理标准。

本部分下将工艺废水污染物引入公共处理厂的任何污染源必须符合联邦法规40 CFR 第403部分规定。

§412.4 粪便、垃圾和工艺废水土地利用的最佳管理实践。

（a）适用范围。本节适用于这一部分C分部（除小肉牛外的奶牛和肉牛）或D分部（猪、禽类和小肉牛）下的任何集中型动物饲养场。

（b）专业化定义。

（1）"退步"指距离地表水或可能的地表水渠道的一定距离，在这一距离内不可进行粪便、垃圾和工艺废水的土地利用。地表水渠道实例包括但不限于：开放式砖材进水口、排水口和农业井口。

（2）"植被缓冲带"指沿土地主坡度周线和垂直面平行设置的由多年生稠密植被形成的永久性狭窄带，以减缓水径流、增强水渗透和尽量减少任何潜在营养物或污染物离开田地进入地表水的风险。

（3）"多年施磷"指施用于田地中的磷超过作物当年的需要量。在多年施磷中，随后一年同一块田地不再增加粪便、垃圾或工艺废水的施用，直至所施磷通过收割和作物清除从土地中去除。

（c）制定和实施最佳管理实践的要求。

本节下的每个集中型动物饲养场在进行粪便、垃圾或工艺废水的土地利用时，必须遵守下列实践：

（1）营养物管理计划。集中型动物饲养场必须制定和实施营养物管理计划，该计划以对可能的土地氮磷运移进行的具体分析为基础，包含本节第（c）（2）项至（c）（5）项所规定要求，解决每块土地的营养物利用形式、来源、数量、时间安排和方式以实现现实的生产目标，同时尽量减少氮磷进入地表水。

（3）测定利用率。粪便、垃圾和其他工艺废水利用于集中型动物饲养场所有或运营控制下土地的利用率必须根据局长制定的营养物管理技术标准，来尽量减少土地中的氮磷进入地表水。这样的营养物管理技术标准应：

（i）包括对可能的土地氮磷运移至地表水进行具体分析，解决每块土地的营养物利用形式、来源、数量、时间安排和方式以实现现实的生产目标，同时尽量减少氮磷进入地表水；

（ii）包括适当的灵活性以便任何集中型动物饲养场执行营养物管理实践来遵守技术标准，包括对磷流入地表水不具有高可能性的土地实行多年施磷考虑，分阶段实施磷营养物管理计划，以及局长认为适当的其他要素。

（3）粪便和土壤取样。每年至少对粪便进行一次氮磷含量分析，至少每5年对土壤进行一次磷含量分析。这些分析结果将用于确定粪便、垃圾和其他工艺废水的利用率。

（4）检查土地利用设备有无泄露。操作员必须定期检查用于粪便、垃圾或工艺废水土地利用的设备。

（5）退步要求。除非集中型动物饲养场执行本节第（c）（5）（i）项或第（c）（5）（ii）项所规定的合规替代措施之一，粪便、垃圾和工艺废水不可应用于距离任何顺坡度下游地表水、开放式砖材进水口、排水口、农业井口和其他地表水渠道100英尺（1英尺≈0.30米）内区域。

（i）植被缓冲带合规替代措施。作为一项合规替代措施，集中型动物饲养场可用35英尺宽的植被缓冲带替代100英尺的退步距离，在此缓冲带禁止利用粪便、垃圾或工艺废水。

（ii）替代实践合规替代措施。作为一项合规替代措施，集中型动物饲养场可表明，实施替代保护实践或具体条件将实现与100英尺退步距离同等或更好的减污效果，因此没有必要设定退步或缓冲带。

A 分部——马和羊

§412.10 适用性。

本分部适用于集中型养马场和集中型养羊场的排放,不适用于饲养量低于1万只羊或500匹马的此类集中型动物饲养场。

§412.12 采用目前可用的最佳实用控制技术而可达到的污水限制标准。

(a)除联邦法规40 CFR 125.30至125.32规定外,在符合本节第(b)条规定的前提下,任何本分部下的现有点源污染必须实现代表最佳实用技术应用的下列污水限制标准:不得对通航水域排放工艺废水污染物。

(b)当无论是慢性或灾难性的降水过程导致工艺废水从设计、建设和运营的用于承载所有工艺废水及点源污染所在地10年24小时降水过程径流的设施中溢出时,任何溢出的工艺废水污染物可能会排放进通航水域。

§412.13 采用经济高效的最佳现有技术而可达到的污水限制标准。

(a)除联邦法规40 CFR 125.30至125.32规定外,当适用本节第(b)条规定时,任何本分部下的现有点源污染必须实现代表最佳现有技术应用的下列污水限制标准:不得对美国水域排放工艺废水污染物。

(b)当降水过程导致工艺废水从设计、建设、运营和维护的用于承载所有工艺废水及点源污染所在地25年24小时降水过程径流的设施中溢出时,任何溢出的工艺废水污染物可能会排放进美国水域。

§412.14[保留]

§412.15 新污染源行为标准(New Resource performance standards, NSPS)。

(a)除本节第(b)条规定外,任何本分部下的新污染源必须达到以下行为标准:不得向美国水域排放工艺废水污染物。

(b)当降水过程导致工艺废水从设计、建设、运营和维护的用于承载所有工艺废水及点源污染所在地25年24小时降水过程径流的设施中溢出时,任何溢出的工艺废水污染物可能会排放进美国水域。

B 分部——鸭

§412.20 适用性。

本分部适用于干舍养鸭场和湿舍养鸭场生产区产生的排放,不适用于饲养量低于5000只鸭的此类集中型动物饲养场。

§412.21 特殊定义。

在本分部中,

(a)"干舍"指在干燥垫料地面的禽舍内饲养且鸭子不能进入游泳区域的设施。

(b)"湿舍"指一个开放环境的养鸭设施,该设施有少量的遮蔽区,有鸭子可自由出入的开放式水流和游泳区域。

§412.22 采用目前可用的最佳实用控制技术而可达到的污水限制标准。

(a)除联邦法规 40 CFR 125.30 至 125.32 规定外,本分部下的现有点源污染必须实现代表最佳实用技术应用而取得的减污程度的下列污水限制标准:

监管参数	每日最大量[1]	平均每月最大量[1]	每日最大量[2]	平均每月最大量[2]
5 日生化需氧量	3.66	2.0	1.66	0.91
粪便大肠杆菌	([3])	([3])	([3])	([3])

[1] 每千只鸭磅数;
[2] 每千只鸭千克数;
[3] 任何时候不得超过每 100 毫升 400MPN 值(最大可能数)。

(b)[保留]

§412.25 新污染源行为标准(NSPS)。

(a)除本节第(b)条规定外,任何本分部下的新污染源必须达到以下行为标准:不得向美国水域排放工艺废水污染物。

(b)当降水过程导致工艺废水从设计、建设、运营和维护的用于承载所有工艺废水及点源污染所在地 25 年 24 小时降水过程径流的设施中溢出时,任何溢出的工艺废水污染物可能会排放进美国水域。

§412.26 新污染源预处理标准(PSNS)。

(a)除联邦法规 40 CFR 403.7 及本节第(b)条规定外,任何本分部下的新污染源必须达到以下行为标准:不得将工艺废水污染物导入公共处理厂。

(b)当降水过程导致工艺废水从设计、建设、运营和维护的用于承载所有工艺废水及污染点源所在地 25 年 24 小时降水过程径流的设施中溢出时,任何溢出的工艺废水污染物可能会导入公共处理厂。

C 分部——除小肉牛之外的奶牛和其他牛

§412.30 适用性。

本分部适用于根据联邦法规 40 CFR 122.23 定义为集中型动物饲养场的企业,包括下列动物：成年奶牛，无论是产奶期或干奶期；除成年奶牛或小肉牛之外的其他牛。除成年奶牛之外的其他牛包括但不限于小母牛、犍牛和公牛。本分部不适用于饲养量低于700头成年奶牛（无论是产奶期或干奶期）、1000头除成年奶牛或小肉牛之外的其他牛的此类集中型动物饲养场。

§412.31 采用目前可用的最佳实用控制技术而可达到的污水限制标准。

除联邦法规40 CFR 125.30至125.32规定外，本分部下的现有点源污染必须实现代表最佳实用技术应用的下列污水限制标准：

（a）集中型动物饲养场生产区。除本节第（a）(1)款至第（a）(2)款规定外，从生产区不得排放粪便、垃圾或工艺废水进入美国水域。

（1）当降水导致粪便、垃圾或工艺废水溢出时，在下列情况下，溢出的污染物可能会排入美国水域：

（i）生产区的设计、建设、经营和维护以承载包括25年24小时降水过程中的径流和直接降水在内的所有粪便、垃圾和工业废水；

（ii）生产区根据第§412.37（a）条和（b）条所要求的附加措施和纪录来运行。

（2）自愿替代行为标准。本分部下的任何集中型动物饲养场可要求局长基于特定的、可实现生产区的污染物排放量等于或低于根据本条第（a）(1)款所规定的基线行为标准下排放量的替代技术来建立NPDES许可证污水限制标准。

（i）支持信息。在要求将特定污水限制标准纳入NPDES许可证时，集中型动物饲养场所有者或经营者必须在局长规定的时间框架内提交支持性的技术分析及任何其他的相关信息和数据，以支持这一限制标准。支持性技术分析必须包括：在对设计、建设、运营和维护的以承载所有粪便、垃圾和工艺废水以及25年24小时降水过程所产生径流系统的特定分析基础上，适当时基于大量计算所排放的污染物量。对污染物排放的技术分析必须包括：

（A）存储系统的所有日常输入，包括粪便、垃圾、所有工艺废水、直接降水和径流。

（B）存储系统的所有日常输出，包括蒸发损失、去除污泥、清除废水以利用于饲养场田地或运离现场。

（C）根据适用于饲养场所在地的25年期实际降水量来计算预测年平均溢出量。

（D）对集中型动物饲养场存储系统所有输入源进行的代表性取样和分析所获得的特定污染物数据，包括氮、磷、5日生化需氧量、总悬浮固体量数据，或其他适当的污染物数据。

(E) 预测的年平均污染物排放量，酌情体现为每日排放总量（磅/天），并基于本节第（a）（2）（1）（A）项至第（a）（2）（i）（D）项规定而计算。

(ii) 局长可酌情要求提供附加资料，以补充包括集中型动物饲养场检查在内的支持性技术分析。

(3) 集中型动物饲养场应自许可证监管之日起达到本条所规定的限制标准和要求。

(b) 集中型动物饲养场土地利用区域。土地利用区域的排放应遵守下列要求：

(1) 制定和实施第§412.4节所规定的最佳管理实践；

(2) 保留第§412.37（c）条所要求的记录；

(3) 集中型动物饲养场必须在2006年12月31日前达到本条所规定的限制标准和要求。

§412.32 采用最佳传统污染控制技术而可达到的污水限制标准。

除联邦法规40 CFR 125.30至125.32规定外，本分部下的任何现有点源污染必须实现代表最佳传统技术应用的下列污水限制标准：

(a) 集中型动物饲养场生产区：集中型动物饲养场应达到第§412.31（a）条所规定的限制标准和要求。

(b) 集中型动物饲养场土地利用区域：集中型动物饲养场应达到第§412.31（b）条所规定的限制标准和要求。

§412.33 采用经济高效的最佳现有技术而可达到的污水限制标准。

除联邦法规40 CFR 125.30至125.32规定外，本分部下的任何现有点源污染必须实现代表最佳现有技术应用的下列污水限制标准：

(a) 集中型动物饲养场生产区：集中型动物饲养场应达到第§412.31（a）条所规定的限制标准和要求。

(b) 集中型动物饲养场土地利用区域：集中型动物饲养场应达到第§412.31（b）条所规定的限制标准和要求。

§412.34 [保留]

§412.35 新污染源行为标准。

本分部下的任何新污染源必须达到体现新污染源行为标准应用的以下污水限制标准：

（a）集中型动物饲养场生产区：集中型动物饲养场应达到第§412.31（a）（1）款和第§412.31（a）（2）款所规定的限制标准和要求。

（b）集中型动物饲养场土地利用区域：集中型动物饲养场应达到第§412.31（b）（i）款和第§412.31（b）（2）款所规定的限制标准和要求。

（c）集中型动物饲养场应自许可证监管之日起达到本条所规定的限制标准和要求。

（d）本分部下的任何污染源，若其自1993年4月14日后和2003年4月14日前开始排放且根据2002年7月1日修订的第§412.15节所规定标准定义为新污染源时，它必须在联邦法规40 CFR 122.29（d）（1）所规定的适用时间段内继续实现这些标准。在此之后，污染源必须实现第§412.31（a）条和（b）条所规定的标准。

§412.37 附加措施。

（a）本分部下的任何一家集中型动物饲养场必须执行下列要求：

（1）"目视检查"。必须对集中型动物饲养场的生产区定期进行目标检查，并且至少检查以下部分；

> （i）每周对所有降水分流装置、径流引水结构以及将被污染雨水引入废水粪便存储和封装结构的设备进行检查；
>
> （ii）每日对包括饮用水或冷却水管在内的所有水管线进行检查；
>
> （iii）每周对粪便、垃圾和工艺废水蓄池进行检查；检查要注意到用本节第（a）（2）款中的深度标志器所表示的蓄水池深度。

（2）"深度标志器"。所有开放式蓄水池必须有深度标志器，清楚标示容纳25年24小时降水过程的径流和直接降水的必要最低容量。在新污染源受到根据本部分第§412.46（a）（1）款所制定的污水限制标准约束时，与此污染源相关的所有开放式粪便存储结构必须有深度标志器，清楚标示容纳与无排放时测试蓄水池规模所使用的设计暴雨有关的最大径流和直接降水量的必要最低容量。

（3）"纠正措施"。这些检查中所发现的任何缺陷必须尽快纠正。

（4）"死畜处理"。不得在任何粪液或工艺废水系统中处置死畜，在处理死畜时必须防止向地表水排放污染物，除非根据第§412.31（a）（2）款并经局长批准设计替代技术来处理死畜。

（b）生产区纪录要求。每家集中型动物饲养场必须自创建之日起，对联邦法规40 CFR 122.21（i）（1）和40 CFR122.42（e）（1）（ix）所要求信息及本节第（b）（1）款至（b）（6）款所详述纪录建立完整备份，并保管5年。应要求，集中型动物饲养场必须将这些纪录提交局长，在获授权的州，提交地区主管或其指定人员进行审查。

（1）本节第（a）（1）款所要求的检查记录；

（2）本节第（a）（2）款下的深度标志器所标示的蓄水池中粪便和工艺废水的每周深度记录；

（3）本节第（a）（3）款所要求采取的任何纠正缺陷行动的记录。未能在 30 天内纠正缺陷时，必须对造成无法及时纠正的因素提供解释说明；

（4）集中型饲养场为满足本节第（a）（4）款要求而采用的死畜管理和实践记录；

（5）任何粪便或垃圾存储结构的现行设计记录，包括固体堆积量、设计处理量、总设计量及存储容量的大致天数；

（6）任何溢出的日期、时间和估计溢出量。

（c）土地利用区域纪录要求。每家集中型动物饲养场必须在现场保存其特定营养物管理计划备份。每家集中型动物饲养场必须自创建之日起，对第§412.4节和联邦法规40 CFR 122.42（e）（1）（ix）所要求信息及本节第（c）（1）款至（c）（10）款所详述纪录现场建立完整备份，并保存 5 年。应要求，集中型动物饲养场必须将这些纪录提交局长，在获授权的州，提交地区主管或其指定人员进行审查。

（1）预计作物产量；

（2）粪便、垃圾或工艺废水施用于每块田地的日期；

（3）土地利用前后 24 小时及施用时的天气情况；

（4）取样和分析粪便、垃圾、工艺废水及土壤的检测方法；

（5）粪便、垃圾、工艺废水和土地取样检测结果；

（6）根据局长所制定的技术标准，对粪便利用率测定基础进行解释说明；

（7）显示施用于每块田地的总氮磷量的计算，包括除粪便、垃圾或工艺废水之外的其他来源；

（8）实际施用于每块田地的总氮磷量，包括对总施用量计算的记录；

（9）粪便、垃圾或工艺废水的利用方法；

（10）施粪设备的检查日期。

D 分部——猪、家禽和小肉牛

§412.40 适用性。

本分部适用于联邦法规 40 CFR 122.23 下的集中型动物饲养场，包括下列动物：猪、鸡、火鸡和小肉牛。本分部不适用于饲养量低于以下数量的此类集中型动物饲养场：2500 头个重 55 磅及以上的猪；10000 头个重 55 磅以下的猪；若动物饲养场使用粪液处理系统，30000 只蛋鸡或肉鸡；若动物饲养场使用粪液处理系统以外的其他系统，82000 只蛋鸡；若动物饲养场使用粪液处理系统以外的其他系统，125000 只除蛋鸡之外的其他鸡；55000 只火鸡和 1000 头小肉牛。

§412.35-412.42 [保留]

§412.43 采用目前可用的最佳实用控制技术而可达到的污水限制标准。

除联邦法规 40 CFR 125.30 至 125.32 规定外，本分部下的任何现有点源污染必须实现代表最佳实用控制技术应用的下列污水限制标准：

（a）集中型动物饲养场生产区。

（1）集中型动物饲养场应达到第 §412.31（a）（1）款至（a）（2）款所规定的限制标准和要求。

（2）集中型动物饲养场应自许可证监管之日起达到本条下的限制标准和要求。

（b）集中型动物饲养场土地利用区域。

（1）集中型动物饲养场应达到第 §412.31（b）（1）款至（b）（2）款所规定的限制标准和要求。

（2）集中型动物饲养场应在 2006 年 12 月 31 日之前达到本条下的限制标准和要求。

§412.44 采用最佳传统污染控制技术而可达到的污水限制标准。

除联邦法规 40 CFR 125.30 至 125.32 规定外，本分部下的任何现有点源污染必须实现代表最佳传统污染控制技术应用的下列污水限制标准：

（a）集中型动物饲养场生产区：集中型动物饲养场应达到第 §412.43（a）条所规定的限制标准和要求。

（b）集中型动物饲养场土地利用区域：集中型动物饲养场应达到第 §412.43（b）条所规定的限制标准和要求。

§412.45 采用经济高效的最佳现有技术而可达到的污水限制标准。

除联邦法规 40 CFR 125.30 至 125.32 规定外，本分部下的任何现有点源污染必须实现代表最佳现有技术应用的下列污水限制标准：

（a）集中型动物饲养场生产区：集中型动物饲养场应达到第 §412.43（a）条所规定的限制标准和要求。

（b）集中型动物饲养场土地利用区域：集中型动物饲养场应达到第 §412.43（b）条所规定的限制标准和要求。

§412.46 新污染源行为标准（NSPS）。

本分部下的任何新污染源必须达到体现新污染源行为标准应用的以下污水限制

标准：

（a）集中型动物饲养场生产区。根据本节第（a）(1)款至（a）(3)款，生产区不得向美国水域排放粪便、垃圾或工艺废水污染物。

（1）本分部下的任何集中型动物饲养场可要求局长根据对饲养场开放式粪便存储结构的特定分析，制定 NPDES 许可证的最佳管理实践污水限制标准，以确保无粪便、垃圾或工艺废水的排放。NPDES 许可证最佳管理实践污水限制标准必须针对饲养场的整个生产区。在任何使用开放式粪便存储结构并且局长已为其制定了这类污水限制标准的集中型动物饲养场中，本节中所使用的"无粪便、垃圾或工艺废水污染物排放"指存储结构是根据局长对存储结构进行技术评估后所制定的特定最佳管理实践而设计、操作和维护的。技术评估必须针对下列要素：

（i）在开放式粪便存储结构的设计中用到的信息，包括但不限于：雨季最少存储期，长时间降水的额外最低容量，禁止或以其他方式限制冻土、水涝地或雪地上土地利用的适用技术标准，与集中型动物饲养场营养物管理计划一致的计划排空和脱水时间表，拟在稍后转移至其他接收人的额外粪便存储量，以及可能影响开放式粪便存储结构设计尺寸的任何其他因素。

（ii）开放式粪便存储结构依美国自然资源保护局（National Resource Conservation Service）的"动物废物管理"（Animal Waste Management，AMW）最新软件而设计。集中型动物饲养场可使用经局长批准的相等设计软件或程序。

（iii）开放式粪便存储结构设计中使用的所有输入信息包括：由历史平均月降水量和蒸发值构成的前 30 年气象数据，动物数量和类型、动物预估个体大小或重量，任何添加的水和垫料，任何其他工艺废水，暴露于降水并对开放式粪便存储结构形成径流的外部区域规模和状况。

（iv）按月算的计划最低存储期，包括但不限于本节第（a）(1)(i)项所列的开放式粪便存储结构设计要求。或者集中型动物饲养场可根据饲养场的营养物管理计划，规定存储池的清空时间，来确定最低存储期。

（v）特定预测设计规范，包括存储设施的尺寸、每日增加的粪便和废水量、土地利用区域的规划和特性以及按月算的总计算存储期。

（vi）使用最新版本的"土壤－植物－空气－水（Soil Plant Air Water，SPAW）"水文工具来对设计的开放式粪便存储结构的充分性进行评估。这一评估必须包括 SPAW 的所有输入信息，包括但不限于前 100 年的日降水、温度和蒸发数据，集中型动物饲养场土地利用区域指定用户的代表性土壤数据图表，符合饲养场营养物管理计划的土地轮作计划，以及设计的开放式粪便存储结构无溢出的最终建模结果。

无法获取所在地100年本地气象数据的集中型动物饲养场，可使用模拟工具对100年进行置信区间分析。局长可批准等效评估和模拟程序。

(vii) 局长可免除第（a）（1）（vi）项关于对设计的粪便存储结构进行特定分析的要求，而是授权集中型动物饲养场使用指定地区内同一类特定设施的技术评估。

(viii) 废物管理和存储设施根据本节第（a）（1）（i）项至（a）（1）（vii）项所做分析来设计、建设、运营和维护以及根据第§412.47（a）条和（b）条所要求的附加措施和纪录来操作，将满足本章要求。

(ix) 局长可酌情要求补充信息，以支持基于特定开放式粪便存储结构的污水限制标准要求。

(2) 生产区必须根据第§412.47（a）条和（b）条所要求的附加措施进行运营。

(3) 联邦法规40 CFR 122.41（m）至（n）所规定的推翻/忽视条款，适用于本条款下的新污染源。

(b) 集中型动物饲养场土地利用区域：集中型动物饲养场应达到第§412.43（b）（1）项所规定的限制标准和要求。

(c) 集中型动物饲养场应自许可证监管之日起达到本条所规定的限制标准和要求。

(d) 本分部下的任何污染源，若其自1993年4月14之后和2003年4月14日之前开始排放且根据2002年7月1日修订的第§412.15节所规定标准定义为新污染源时，它必须在联邦法规40 CFR 122.29（d）（1）所规定的适用时间段内继续实现这些标准。在此之后，污染源必须实现第§412.43（a）条和（b）条所规定的标准。

(e) 本分部下的任何污染源，若其自2003年4月14之后和规定公布之后60日的日期之前开始排放且根据2008年7月1日第§412.46（a）条至（d）条、联邦法规40 CFR第439部分所规定标准定义为新污染源时，它必须在联邦法规40 CFR 122.29(d)（1）所规定的适用时间段内继续实现这些标准。

§412.47 其他措施。

(a) 本分部下的每家集中型动物饲养场必须执行第§412.37（a）条的要求。

(b) 本分部下的每家集中型动物饲养场必须遵守第§412.37（b）条的记录要求。

(c) 本分部下的每家集中型动物饲养场必须遵守第§412.37（c）条的记录要求。

六、美国自然资源保护局——保护条例标准——养分管理 条例号：590

定　义

管理施用植物养分和土壤改良剂的数量、来源、位置、形式和时机。

目　标

- 为植物生长计算和提供养分。
- 合适利用粪肥或有机副产品以作为植物的养分来源。
- 最小化地表水和地下水资源的农业非点源污染。
- 通过减少氮的排放量（氨和氮的化合物）和大气颗粒物来保护空气质量。
- 维持或改善土壤的物理特性、化学特性和生物特性。

条例适用范围：

此条例适用于所有施用植物养分和土壤添加剂的土地。

准　则

总准则适用于上述所有目标

制定氮、磷和钾的养分计划应考虑所有潜在的养分来源，包括但不限于动物粪便、有机副产品、废水、化肥、作物残茬及灌溉用水。

建立实际产量目标应基于土壤生产力、历史产量数据、气候条件、管理水平和/或当地类似土壤的研究数据、耕作制度、土壤和粪肥/有机副产品的检测。

对于新作物或新品种的实际产量目标，在相关文档记录的产量信息出台前，可使用行业推荐的产量值。

养分管理计划应详细说明施用在每块土地上的养分来源、数量、时间和方法以达到实际的产量目标，同时减少粪污的移动和其他潜在的地表水和/或地下水污染。

不能直接施用粪肥的区域包括：排水口、水井、沟渠、入口表面或能迅速渗透的土壤。

如有需要，应解决因养分损失所造成的侵蚀、径流、灌溉和排水问题。

土壤和植物组织采样及实验室分析（检测）

应根据目前的土壤和植物组织（用作补充）的检测结果和赠地大学的指南或赠地大学认可的行业惯例来制定养分计划。现有的土壤检测结果不能超过 5 年。

根据赠地大学的指南或行业惯例标准来采集土壤和组织样本。土壤的检测和分析由实验室完成，这些实验室具备以下一个或多个条件：

● 实验室完全符合美国土壤科学学会的北美测试能力验证项目（NAPT）的要求和业绩标准。

● 州公认的项目，认为实验室可确保土壤检测结果的准确性。

土壤和组织检测应包括制定养分计划所需的任何养分的详细信息。分析相关的监控指标或修订年度养分计划，如pH值、电导率（EC）、土壤有机质、氮、磷、钾。

养分施用量

根据需要来施用土壤改良剂，以调整土壤pH值至合适的水平供作物有效的利用养分。

推荐的养分施用量应根据赠地大学的建议（和/或这所大学认可的行业惯例），同时需考虑目前的土壤检测结果、实际产量目标和管理能力。如果政府赠地大学不提供具体建议，养分的施用量应基于实际产量目标和相关的植物养分吸收速率。

有计划的养分施用量，就如同有记录的养分计划，应基于以下指南来确定：

● 氮的施用量——计划施氮量应与推荐施用量尽可能匹配，但粪污或有机副产品作为养分来源时除外。粪污或有机副产品作为一种养分来源时，请参阅以下"附加标准"。

● 磷的施用量——计划施磷量应与推荐施用量尽可能匹配，粪污或有机副产品作为养分来源时除外。粪污或有机副产品是一种养分来源时，请参阅以下"附加标准"。

● 钾的施用量——钾不能在过剩情况下施用（大于土壤检测中的钾的推荐值），否则将导致作物或粗饲料的营养失衡。当粗饲料的质量与钾的过度施用相关时，应使用国家标准来的制定粗饲料质量指南。

● 其他植物养分——其他养分的施用量应与赠地大学指南或该州赠地大学认可的行业惯例一致。

● 启动肥料——当使用启动肥料时，应包括在整个养分计划中。其施用量应与赠地大学指南或该州赠地大学认可的行业惯例一致。

养分施用时间

养分的施用时间和方法（尤其是氮）应当尽可能地符合植物养分的吸收特性，同时考虑耕作制度的局限性、天气和气候条件、风险评估工具（如淋洗指数、磷指数）和田间可及性。

养分施用方法

施用方法以降低养分渗透至地表水和地下水，或者大气中的风险。

最小化养分损失：

● 养分均匀的施用在需施肥的区域。

- 养分不可施用在冷冻、白雪覆盖或存在潜在径流风险的饱和土壤。
- 施用养分时应考虑植物的生长习性、灌溉方式和其他条件，以最大化植物有效性和最小化径流、浸出风险和蒸发损失。
- 使用灌溉系统施用养分时，以一种合适的方式防止或最小化资源损害。

保护管理单位风险评估

在与水质损害相关的特定区域，保护管理单位应完成该区域养分运输过程中潜在的特定风险评估。

各州利用阈值预先筛分程序来启动风险评估，并遵循各个州或赠地大学推荐的核准规程。

使用一个合适的养分风险评估工具（如淋洗指数、磷指数）或其他州公认的评估工具。

适用于作为植物养分来源的粪污、有机副产品或生物固体的附加标准

当施用动物粪污或有机副产品，保护管理单位应完成养分运输过程中的潜在风险评估，并依照各州或政府赠地大学的建议，调整施用量、施用地点、施用方式和施用时间。

粪污和有机副产品（不包括污泥或生物固体）的营养价值应在其还田之前确定。每次清空存储或处理粪污设施时都应采集和分析样本。粪污的采样频率可能会因粪污的处理策略和还田计划而有所不同。如果此前没有抽样的历史，至少需连续三年的持续抽样。建立和维持一个连贯性的记录（保持一定的营养浓度以降低变异），以达到营养水平一致。养殖场持续的粪污分析结果应当作为粪污还田的基础。根据赠地大学指导或行业惯例来采集和准备样本。

规划新养殖场时，可使用美国自然资源保护局或/和赠地大学认可的"书本参考值"（如，美国自然资源保护局的农业废弃物管理手册）。

生物固体（污泥）还田必须遵循美国环境保护署的法规。40 CFR403 法案（预处理）和 503 法案（生物固体）及其他州和/或当地的法规将生物固体视为一种养分来源。

粪污和有机副产品的施用量

粪污和有机副产品的施用量应基于各州或赠地大学推荐的养分分析程序。如上所述，规划新养殖场时可使用"书本参考值"。至少，粪样的分析结果可确定养分和特殊离子浓度、水分含量及有机物含量。需监控粪污中盐的浓度，以致粪污还田时不会损害作物及对土壤造成负面的影响。

液体粪污的施用量（英寸/公顷，1 英寸 ≈ 2.54 厘米）不能超过土壤摄入/渗透速率,并且应调整以减少水洼,避免径流。总的施用量不超过土壤的田间持水量,并根据需要做出调整,减少其流失至地下下水道。

养分管理计划中的氮和磷的施用量应基于以下指南。

氮的施用量
- 使用粪污或有机副产品时,氮的施用量应尽可能匹配植物吸收特性,并考虑施氮时间以最小化土壤淋洗和大气损失。
- 使用管理方法和技术,有效利用矿化氮,通过脱氮作用和氨挥发降低氮损失。
- 粪污或有机副产品可以施用于豆科植物,施用量等同于植物生物量中预估的去除氮。
- 养分管理计划是在磷的基础上实施的,粪污或有机副产品的施用量应与限制磷的施用量一致。在这种情况下,额外的氮肥施用,从无机来源而言,可能需要供应,但不超过任何一年的氮推荐量。

磷的施用量
当使用粪污或有机副产品时,有计划的施磷量应遵循以下规则:
- 磷指数(PI)评级。以氮为基础的粪污施用于低或中等风险土地;以磷为基础的粪污施用于高和非常高风险土地。
- 土壤磷阈值。以氮为基础的粪污施用土壤磷含量低于阈值的土地;以磷为基础的粪污施用于其土壤中磷水平等于或超过阈值的土地。
- 土壤检测。以氮为基础的粪污施用在土壤检测建议需要磷的土地;以磷为基础的粪污施用在土壤检测建议不需要磷的土地。
- 当磷作为粪肥时,其施用量等同于推荐的磷使用量或作物轮作或作物多年种植顺序的植物生物量的除磷量。其施用量将是:
- 在一年的施用过程中,不超过推荐的氮肥施用量。
- 当没有推荐的施氮量时,不超过植物生物量的预估氮去除量。

重金属监测
当使用污泥(有机固体),土壤中潜在的污染物增加(包括砷、镉、铜、铅、汞、硒、锌),应依照 40 CFR 403 法案和 503 法案,和/或任何适用的各州和地方的法律、法规监控。

通过减少氮和/或微粒排放到大气中,附加的标准以保护空气质量。
具有确定的或指定的养分管理计划,并与空气质量相关的区域,任何养分管理的要素（如数量、来源、位置、形式、施用量）被风险评估管理工具确认为潜在大气污染物来源时都应当调整，必要时，把损失减小到最低限度。

耕地时，表施粪肥和氮肥，土壤表层容易蒸发（如尿素），应在施用后24小时内深施至土壤。

当施用粪污或有机副产品至草原、草场、牧场或免耕区域，需管理施用量、施用形式和施用时间，以最低化蒸发损失。

当使用灌溉设备施用液态粪污时，操作者在施用期间应选择天气，以减少蒸发损失。

操作者处理和施用家禽粪便或其他动物的干燥粪便时，颗粒传播至大气中的可能性较低。

施用粪污或有机副产品时，应记录和保持天气和气候条件，遵循下面所指的运营和维持的操作指南。

附加的标准以改善土壤的物理、化学和生物特性。

养分应以合理的方式施用和管理以保持或改善土壤的物理、化学和生物特性。

降低使用含盐量高的养分来源，除非是把盐供给至作物的根部以下。

土壤板结及车辙较深，不能施用上述可用的养分。

注意事项

这个部分列出的管理和技术的使用可能会改善养分管理系统的生产和环保成效。

应采取行动保护国家登记的和其他符合条件的人文资源。

养分管理计划应每年修订一次，以确定是否有需要为下季作物做出任何改变。

对于有特殊环境问题的土地，可使用其他的抽样技术。这些技术包括土壤剖面采样来检测氮水平，预测施氮测试方法（PSNT）、土壤硝态氮测试（PPSN）或土壤表面取样来检测磷水平或pH值变化。

使用其他的方式增强经营者的能力以更有效的管理粪污，包括改变动物的日粮以降低粪污中的养分含量。

当确立新的养分管理计划，特别是如果使用动物的粪污作为养分来源时，土壤的检测信息不超过1年。

一些养分的含量过高会导致其他养分的不足。

如果预计土壤中磷水平会增长，需考虑增加每年土壤检测的频率。

使用产品或材料（如硝化抑制剂、脲酶抑制剂和缓慢或控释化肥）来管理粪污或化肥中氨转化。这些产品更符合养分释放和植物吸收，并且可以通过减少氮流失至水和空气中来提高氮的利用效率。

考虑减少农业非点源污染地表水和地下水

控制侵蚀和减少径流可以提高土壤养分和水的存储、渗透、曝气，耕种以及土壤生物多样性，保护或改善水和空气质量。

覆盖作物可以有效利用和/或回收残留氮。

均匀地施氮至施用的区域。施用方法和时机能减少养分流失至地表、地下水或大气中的风险，包括以下要点：

- 分次施氮，以供作物最大化地利用养分。
- 检测秸秆中的养分以减少过度施氮，超过作物需求。
- 避免冬季作物所需养分施用至春播作物。
- 带状施用磷肥时靠近条播的种子。
- 施用粪肥或有机副产品后，尽快深施，以最小化养分损失。
- 若预计在计划施用时间的 24 小时内会发生径流和侵蚀，延迟施用粪肥或有机副产品。

注意保护空气质量，减少氮和/或微粒排放到大气中

粪污和有机副产品还田时会有气味，会给周边的居民带来不利的影响。

避免在逆风占或居民可能在家的时候（晚上、周末和节假日）施用粪污和有机副产品。

使用灌溉设备施用粪肥时，可修改设备参数（如减压、下降中心枢轴的软管），能使粪肥离开设备至土壤表面时，减少氮的挥发。当施用在作物冠层，灌溉设备表面粪肥中的氮挥发将降低。

规划粪污施用和翻耕时，提升土壤中碳，抑制温室气体排放（如，一氧化二氮、二氧化碳）。

养分与灌溉系统施用时应该遵循灌溉用水管理（条例号 449）的需求。

大型规模养殖场在向美国环境保护局（法规：40 CFR 法案 122 和法案 412）申请许可时，应向各州的授权许可部门咨询其他的准则。

计划和说明

养分管理计划的说明应符合本标准，并且阐述粪污施用的要求是实现其预期目的，使用养分达到生产目标，并防止或减少损害资源。

养分管理计划应包括一份声明，即该计划是基于当前的标准和任何适用于联邦、州或地方法规、政策或程序而制定的，其中可能包括其他条例和/或管理活动的实施。任何这些法规的变化可能需要重新修订养分管理计划。

养分管理计划应包括以下部分：

● 施用点的航拍照片或地图，以及该施用点的实地勘查图。

● 确定为敏感区域或相关资源的位置，养分管理的限制因素。

● 当前和/或计划的作物种植顺序或作物轮作。

● 土壤、水、粪污和/或有机副产品的样本分析结果。

● 当把作物残茬视为养分来源时，作物组织的分析结果。

● 作物实际的产量目标。

● 根据作物轮作或种植顺序的氮、磷、钾的完整养分计划。

● 列出所有的养分来源及量化。

● 明确养分的推荐施用量、施用时间、施用形式和施用方法以及指导实施、操作、维护和记录。

如果预计土壤中的磷水平将增长，养分管理计划应记录归档以下几点：

● 记录土壤中的磷水平。

● 合适的风险评估工具记录土壤磷水平和大田中磷移动可能性之间的关系。

● 记录从作物种植至收获，土壤磷下降的可能性。

● 使用管理活动或技术降低磷流失的可能性。

运营和维护

牧场主/委托人对这一法规的安全运营和维护负责，包括所有的设备。运营和维护着重强调以下几点：

● 定期计划修订，以确定是否需要调整和修改养分管理计划。至少，每次测土样时应更新和修订养分管理计划。

● 动物数量和/或饲料管理有显著变化时，将需要额外的粪污采样和分析，以制定和修正养分内容。

● 防止化肥和有机副产物的储存设施因天气和意外发生泄漏或溢出。

● 校准施用设备，确保按照计划的施用量均匀喷洒粪肥。

● 记录粪肥还田时的实际施用量。当实际施用量与推荐和计划施用量不同时，记录中应指出造成这种差异的原因。

● 保持记录以确保养分管理计划的实施。如适用，记录应包括：

√土壤、植物组织、水、粪污和有机副产物的分析结果，以确定养分施用的推荐值。

√施用养分的数量、分析和来源。

√施用养分的日期和方法。

√施用时的天气情况和土壤水分；深施粪污的结束时间、降水量和灌溉日期。

√作物的种植和收获日期、产量和作物残茬的清除。

√养分管理计划的修订日期、修订者的名字，以及修改意见。

记录应保存 5 年；如果联邦、州或地方条例有要求，记录应保存 5 年以上。

工人应该防止和避免与作物养分来源不必要的接触。当处理含氨的养分或存储于不通风围圈的有机废弃物时，必须采取额外的谨慎措施。

清洁养分施用设备时，应以一种对环境安全的方式利用养分残渣。多余的残渣应收集和储存或以一种适当的方式还田。

回收养分集装箱时应符合州和地方准则或法规。

REFERENCES

Association of American Plant Food Control Officials (AAPFCO), 2011. AAPFCO Official Publication no. 64. AAPFCO Inc., Little Rock, AR.

Follett, R.F, 2001. Nitrogen transformation and transport processes. In Nitrogen in the environment; sources, problems, and solutions, (eds.) R.F. Follett and J. Hatfield, pp. 17-44. Elsevier Science Publishers. The Netherlands. 520 pp.

Gentry, L.E., M.B. David, et al., 2007. Phosphorus Transport Pathways to Streams in Tile-Drained Agricultural Watersheds. J.Environ.Qual. 36:408-415.

Illinois Drainage Guide (online edition), http://www.wq.illinois.edu/DG/DrainageGuide.html. URL Accessed January 22, 2013.

Illinois Agronomy Technical Note No. 23, "Soil Sampling Guidelines for Immobile Plant Nutrients". July, 2013.

Kaspar, T.C., D.B. Jaynes, et al., 2007. Rye Cover Crop and Gamagrass Strip Effects on NO3 Concentration and Load in Tile Drainage. J. Environ. Qual. 36:1503-1511.

Schepers, J.S., and W.R. Ruan, (eds.) 2008. Nitrogen in agricultural systems. Agron. Monogr. no. 49, American Society of Agronomy (ASA), Crop Science Society of America (CSSA), Soil Science Society of America (SSSA). Madison, WI.

Sims, J.T., (ed.) 2005. Phosphorus: Agriculture and the environment. Agron. Monogr. no. 46. ASA, CSSA, and SSSA, Madison, WI.

Stevenson, F.J., (ed.) 1982. Nitrogen in agricultural soils. Agron. Series 22. ASA, CSSA, and SSSA, Madison, WI.

University of Illinois Agronomy Handbook, http://extension.cropsci.illinois.edu/handbook/.

七、密苏里自然资源部
密苏里集约化动物养殖场（CAFOs）养分管理技术标准

I 引言

A 相关机构与目标介绍

密苏里集约化动物养殖场条例赋予密苏里自然资源部与密苏里清洁水源管理委员会以下权力，即：可以发布推广类 I 集约化动物养殖场（CAFOs）确定、许可、设计、建设、实施与管理的相关条例，参阅 RSMo. 的第 640.700 条至 640.758 条。密苏里自然资源部的集约化动物养殖场（CAFOs）条例要求土地具体养分管理计划（NMP）应该满足类 I 集约化动物养殖场条例中 10 CSR 20-6.300（5）（A）至（I）所规定的标准。

根据 10 CSR 20-6.300（3）（G）3.，制定该养分管理技术标准（NMTS）的目的是使集约化动物养殖场具体实施时，在确定形式、来源、数量、时机及施肥方式时，提供一个判断框架，使其有据可依。此外，该养分管理技术标准代表着密苏里自然资源部在如何实现和/或实施 10 CSR 20-6.300（5）（A）中具体养分管理计划 G、H 与 I 标准的最优的专业判断。该框架致力于：一方面寻求实现实际的农业生产目标，另一方面合理利用粪便、垃圾或处理过的废水中的养分，同时保证将氮、磷，及其他水污染物对地表水和/或地下水的污染降至最低。

密苏里自然资源部及相关联邦机构将该养分管理技术标准（NMTS）作为指导手册，用于判定集约化动物养殖场（CAFOs）的化学沉淀物排放是否可以作为 10 CSR 20-6.300（2）（B）7 可允许的"农业雨水排放"。如果集约化动物养殖场可以证实施肥区的沉淀物在排放时，符合养分管理技术标准（NMTS）的规定，那么这些集约化动物养殖场将具备农业雨水排放条件。

B 如何申请

在密苏里，所有拥有 1000 头或是更多牲畜的养殖场均属于 I 类集约化动物养殖场，按照 10 CSR 20-6.300 中的规定，这些养殖场必须满足养分管理技术标准（NMTS）规定的要求。自 2009 年 2 月 26 号以来，所有申请建场许可的新建或是欲扩建的集约化动物养殖场（CAFOs）必须制定养分管理规划，而这些管理规划必须符合在经营许可证颁发之前所制定的养分管理技术标准（NMTS）。就此处而言，扩建的集约化动物养殖场（CAFOs）指在原养殖场的基础上增设粪肥存储区或固定畜棚，扩大养殖场的整体饲养规模。所有其他集约化动物养殖场（CAFOs）在重申经营许可证之前，必须制定符合养分管理技术标准（NMTS）规定的管理规划。

注：若一个养殖场不采用养分管理技术标准（NMTS）中的某些条例，那它可以选择使用其他的替代性条例。但是，该养殖场须可以证明所选替代条例可使养殖场稳定可靠地实现养分管理目标，且所选替代性条例可提供技术基础。

II 相关术语定义

粪便——在此文档中，"粪便"指牲畜养殖场中，在生产区收集的垃圾，牲畜粪便，废水，动物埋葬地的附带物，或其他有机残留物。

密苏里含磷指数——该指数主要用于识别受腐蚀与土壤磷测试的综合影响而具有很大磷流失可能性的土地。该指数综合了如下土地信息，包括：当前土地测得的含磷水平，耕种类型，预期地表覆盖，土地水文种类。土地距水源受体的距离，以及利用NRCS侵蚀预测软件评估的土壤损失，RUSLE2[修订的统一土壤损失方程式2（Revised Universal Soil Loss Equation Version 2）]。当土壤测试含磷水平是"高"或"非常高"时，必须利用密苏里磷指数，且须按照密苏里大学指导手册G9184进行。现在可以在www.nmplanner.missouri.edu网站找到以微软办公软件Excel表形式的密苏里磷指标。

密苏里土壤测试含磷评级——可从密苏里土壤测试试验报告中查找土壤测试含磷评级，该评级可以表明某一特定土地中土壤中植物可利用磷的相对水平。土壤测试评级可以表明在哪些土壤中施磷可以使土地增收。土壤含磷评级必须由密苏里土壤测试协会所认证的实验室（该协会所认证的实验室可以从网站http://soilplantlab.missouri.edu/soil/mstacertified.htm查询）按照密苏里大学土壤测试实验室推荐的测试流程操作。

地表施肥——土壤表层施肥方法，利用该方法，借助机械设备，将粪肥撒到或喷洒到土壤表面。地表施肥不包括注入土壤剖面的粪肥。

植被缓冲带——指在与地表轮廓平行的地带种植浓密的常年生长植被带，与土地主坡垂直，以求有效降低地表水流速度，增强水分下渗，同时将潜在的养分流失降低到最低水平，并尽可能阻止污染物污染地表水。

III 养分管理要求

目标A：

养分管理规划中的施肥区应使用下列条例来确定具体施肥区、施肥的时机与施肥量，这样才能：(a) 不会超出作物一年所需要的植物可利用氮量，(b) 与区域的具体磷评估结果相符。

A1 土壤与粪便测试及肥料推荐规定。

（1）土壤取样可以用于确定土壤中的磷、阳离子交换量（CEC）及土壤有机物。该土壤取样应按照下列标准进行：

a. Mu 指导手册 G9215（针对牧场）与 G9217（针对行播作物与干草作物）；

b. 每份土壤样本所代表的土地范围不应超过 20 英亩；

c. 每份土壤样本都应该包括混合好的子样本，而这些子样本应该选自采样区中至少 15 个代表区；针对牧场，及禁止施磷的地区，建议选取更多采样区；

d. 作为 A1（1）c 中的传统土壤采样方法的替代方法，养殖场可以选择使用地理网格土壤采样法。网格的大小应该不超过 3 英亩，在核心网格点 15 英尺范围内，至少应该选取 10 个核心代表地块；

e. 土壤取样的深度应该在 6～8 英寸。

f. 在遇到下面几种情况时，土地在施粪肥前应重新采样：

（i）距上次土壤测试已经超过 5 年；

（ii）土地磷酸盐过剩量（实际施肥量减去实际流失量）自上次土壤测试以来，已经超过 500 磅/英亩。

g. 土壤样本应该交由密苏里土壤测试协会认证的土壤测试实验室进行分析（登录 http://soilplantlab.missouri.edu/soil/mstacertified.htm 可以查询最新的密苏里土壤测试协会认证的土壤测试实验室），并且应该按照密苏里大学土壤测试实验室推荐的流程进行分析。

注：满足以上所有标准的土壤样本的分析结果才能看作"当前土壤测试结果"。

（2）肥料的推荐应基于以下原则：

a. 制定合理的具体土地生产目标。生产目标应该基于过去几年间该块土地的作物产量历史记录。合理的判断，应该可以用于调节生产目标，以抵消过高或过低的作物产量。如果没有该块土地的产量历史记录可供查询，那么可以用别的来源作参考来估算作物产量；

b. 当前土壤测试结果；

c. 应该利用密苏里大学就肥料方面给出的推荐。登录 http://soillantlab.missouri.edu/soil/scripts/ manualentry.aspx，利用当前土壤采样分析结果，可以查询密苏里大学给出的相应推荐；

d. 必要的时候，养分去除率可以基于 MU Guide G9120，或者可以基于来自农场的植物测量分析报告。如果养分移除率是基于植物分析报告，那么记录下作物如何取样，并记录如何利用植物分析报告来估算某一作物的养分移除率的；

e. 也可以利用毗邻的其他经授权的大学公开的养分移除预估；

f. 土地施肥——用于制定养分预算的肥料推荐应该基于20英亩的地区。当对于毗邻的20英亩的区域而言，施肥推荐相似时（10%以内或10磅/英亩，取两者中最大的，这些推荐或是综合考虑施肥目标及养分预算）。大于80英亩的土地可以组合起来使用该指导手册。再大些的地区，若在养分管理规划中可证明其合并的合理性，也可以进行合并。

（3）以下条目主要讲述粪便如何取样，何时取样，以及如何利用粪便测试结果估算粪肥中的养分浓度。

a. 要求集约化动物养殖场（CAFOs）每年至少一次取土地所施每一种粪便源作为样本；

b. 所有粪便样本都应经过测试，测出总氮量，氨态氮，总磷量，及总钾量。如果实验结果是基于干的粪便而给出的，那么用于试验的粪便样本也应该是干性物质或总固体（含水率）。硝态氮一般不会出现在粪便样本中，但如果某一创新型粪便处理系统有可能创造出令硝酸盐始终处于粪便之中的好氧条件时，那么硝态氮也应该加以测试；

c. 应该按照MU指导手册（MU Guide）中EQ215与G9340条款（针对家禽粪便）所概述的指南对样本进行收集，并加以处理；

d. 可能情况下，在土地施粪肥之前对粪便进行采样，并加以分析，从而所得出的测试结果可以用于计算粪肥施用量。

A2 对土地施肥时，所有所施粪肥都应该满足下面三项标准：

（1）所有来源的年度氮使用总量不应超过针对非豆类作物所推荐的氮使用量，以及豆类作物的脱氮量不应该超出10磅/英亩或10%，取两者中最大的。

a. 非豆类作物所推荐的氮施用量应该基于密苏里大学推荐的氮肥施用量得出。密苏里大学所给出的推荐量是基于当前土壤测验结果及当前的生产目标而计算得出的。另外，必须根据氮肥在之前的豆类作物中的使用效果，上一年所施粪肥中的剩余肥料中的含氮量，以及土壤剖面中由种植前的土壤氮量试验所得出的过量剩余无机氮含量来调整氮肥的推荐使用量。如果密苏里大学并未给出一个针对非豆类作物的具体的氮推荐使用量，那么应该使用其他土地授权大学所给出的推荐量。查阅Mu指导手册出版物G9186（MU Guide Publication），可以找出如何计算所施用粪肥中剩余肥料值的方法。而如何合理利用预植入作物土壤含氮量试验的有关信息可以在 Mu 指导手册出版物 G9177（MU Guide Publication）找到。

b. 豆类作物的脱氮量应该按 Mu 指导手册出版物 G9120（MU Guide Publication）所定义的收获作物的预估含氨量及当前生产目标来确定。必须根据氮肥在前一年所施氨粪肥中的剩余含氮量，合适的话，结合土壤剖面中由种植前的土壤氮量试验所得出的过量剩余无机氮含量，来调整作物的预估含氮量。如果 Mu 指导手册 G9120（MU Guide G9120）没有提供豆类作物含氮量的预估值，应该利用其他土地受信的大学给出的推荐量。查询 Mu 指导手册 G9186（MU Guide G9186），可以查看如何计算粪肥施用中的剩余肥量。而有关如何正确利用种植作物前的土壤含氮测试，可以查阅 Mu 指导手册 G9177（MU Guide G9177）。

c. 粪便中的氮分配量可以基于计算植物可利用氮的量（PAN）来得出。而通过依据 Mu 指导手册 G9186 所列出的步骤来调整有机氮与无机氮的浓度，来计算植物可利用氮量，可登录下面这个网站，查询相关信息（http://nmplanner.missourl.edu/tools/pan_calculator.asp）。

（2）粪肥的施用量需要与具体磷损失评估的结果相符。

　　a. 在下面两种情况下，粪肥的施用量可以仅仅依据含氮标准（氮基管理）：

　　　　（i）在当前的土壤测试中，密苏里土壤含磷量水平处于较低、低、中等，或最优；

　　　　（ii）密苏里含磷指数处于低、中等水平。

　　b. 在下面两种情况下，施肥量不能超过作物的 10 磅/英亩，或 10% 的一年计划的磷酸盐去除量，取两者中最大的（磷基管理）：

　　　　（i）密苏里 P- 指数率高；

　　　　（ii）当前的土壤测试中，密苏里土壤含磷量高，且该土地未使用密苏里 P 指数评估过。

　　c. 多年施磷量——在必要的磷基管理时，粪肥施量可以超过计划的作物年度磷去除量。但是，施肥量需要依从下列条件：

　　　　（i）在年度施肥量中，施肥量不应该超过推荐的氨肥施用量，或当没有推荐的氮肥施用量时，在一年的施肥量中，不应该超过估算的收获的作物的氮去除量。

　　　　（ii）存储在土壤中的磷总量不应该超过 4 年的作物去除量，用于规划轮种，使用 A1（2）中的标准。

第一章 政策与标准

　　ⅲ 实际的施肥量不应该超过 10 磅 / 英亩，或规划的多年施磷量的 10%，取两者中较大的。

d. 下面两种情况，土地不使用粪肥：

　　ⅰ 土地中的密苏里 P 指数非常高；

　　ⅱ 当前土壤测试中，密苏里大学土壤试验含磷量非常高，或超量，或该土地没有使用密苏里 P 指数进行评估。

　　密苏里 P 指数可以在 MU 指导手册 G9184（MU Guide Publication G9184）中查询，是以微软办公软件 excel 表格的形式存放在下面这个网站 http://nmplanner.missouri.edu/tools/pindex.asp。

（3）时机，土壤条件，及粪肥配置都应该满足以下标准：

a. 粪肥施量应该满足表 A1 中标注的所有粪肥施量；

b. 沉淀易导致流失，如果在计划施肥的 24 小时内预报会发生沉淀，不允许进行地表施肥；

c. 如果坡度超过 20%，则不施肥；

d. 对于冰冻的，冰雪覆盖的，或饱和的土地不进行地表施肥；

e. 粪肥实施过程必须予以监控，这样目标施肥量可以实现。设备运行中，可以检测并纠正可能出现的任何故障，从而避免土地过量施肥；

　　（ⅰ）必须进行废水及液体肥料施肥，从而在土地施肥过程中，阻止废水及液体肥表面流失，并溢出土地边沿。确保在土地施肥过程上不发生粪肥流失的步骤包括：

　　　　①调整表面施肥量，以满足下渗率及土壤的保水力；

　　　　②灌溉系统必须具备自动截留装置，以防压力损失，及 / 或无须操作人员必须始终留在现场，在系统运行过程中监控施肥装置。

　　（ⅱ）所有施肥装置必须至少每年核准一次；

　　（ⅲ）在土地施肥机械的运行过程中，所有接收粪肥的区域中的测量计应该定期检查，以确定粪肥没有流失出土地，或进入水中。

表 A1　粪肥施放回退距离。针对河流，湖泊，及湿地，回退距离从这些水域的边沿开始测量

回退特征	施肥条件	回退距离（英尺）
公共或私用饮水井，或其他没有被填埋的废弃井	所有施用方法	300
公用或私用饮水湖，或蓄水池	所有施用方法	300

续表

回退特征	施肥条件	回退距离（英尺）
公用或私用饮水进水口建筑	所有施用方法	300
如 10 CSR 20-7.031（1）F 所规定，该州分类的但不作为供水的水源	永久的植物缓冲带[1]	35
	非或不充足的植物缓冲带	100
其他公用和私有的又不作为供水水源的湖泊和蓄水池，及没有排水口的蓄水池	永久的植物缓冲带[1]	35
	反梯度，非或不足的植物缓冲带	100
	下坡，非或不足的植物缓冲带	35
其他常年河流，其他季节性河流、运河、排水沟及湿地	永久的植物缓冲带[1]	35
	反梯度，非或不足的植物缓冲带	100
	下坡，非或不足的植物缓冲带	35
暗管入口（如在施肥中，留有未堵塞的）	反梯度，永久的植物缓冲带[1]	35
	反梯度，非或不足的植物缓冲带	100
	下坡	0
渗失河	所有施用方法	300
洞穴入口	所有施用方法	300
泉水	所有施用方法	300
活跃的沉洞	所有施用方法	300
未被私人占有的居住区	仅喷水灌溉	150
未被私人占有的公用区域	仅喷水灌溉	150
公路	所有施用方法	50
地产边界	所有施用方法	50

[1] 参阅该文件定义部分中有关植物缓冲带的定义

目标 B：养殖场应该保持下面的记录，记录合理的养分管理计划条文的实施情况

B1 年度养分管理监督与记录要求

（1）粪便存储操作监控——针对每个粪便存储结构，记录下列信息

  a. 粪肥深度与液体存储结构中废水处理的周报告

  b. 从该存储结构流出的任何流出物的日期、时间，与估量（加仑）。

  c. 针对每一次来自粪肥存储区的施肥事件都要记录下列信息：

    （ⅰ）粪肥施用日期；

    （ⅱ）粪肥来源（识别粪肥存储地）；

    （ⅲ）施肥时的天气情况与土壤条件；

    （ⅳ）接收粪肥的土地的位置；

    （ⅴ）每英亩的施肥量（吨/英亩，加仑/英亩）；

（vi）作物可利用氮（PAN），施于土地中的粪肥的含磷量（磅/英亩）；

（vii）施肥方法（注入、地表施肥等）；

（viii）接收粪肥的英亩数；

（ix）所施粪肥的总吨数或总量（吨或加仑）。

d. 针对所有运出农场的粪肥（出售或送出），记录如下信息：

（i）运输日期；

（ii）接受者的名字与地址；

（iii）所输送的粪肥的存储来源；

（iv）运输的粪肥量（吨或加仑）。

（2）粪便养分监控——针对每种唯一来源的粪便

a. 粪便取样日期。

b. 针对每一次取样日期，都应记录总氮量，氨态氮，总磷酸盐（P_2O_5），总碳酸钾（K_2O）。适当时，记录水分或干物质百分比，记录硝态氮。

c. 记录或识别实际的粪肥养分浓度，用于计算粪肥施用量。如果一年中的不同日期，分别使用不同的粪肥取样结果，那么使用每份样本结果时，提供日期范围。如果需要预算的话，则提供预算所需要的信息，从而使粪肥养分浓度的预算合理准确。

（3）田间土壤测试监控——针对施肥区的每块田地，记录如下信息：

a. 上一次土壤测试是在哪一年。

b. 当前土壤测试结果最低限度土壤测试，记录磷、阳离子交换量（CEC）与土壤有机物质（按百分比）。

c. 氮肥与磷肥推荐量（磅/英亩）。

（4）土地施肥操作监控——针对施肥区的每块田地，记录如下信息：

a. 接收粪肥的土地的位置。

b. 每一块接受粪肥的田地的亩数。

c. 计划种植的作物（玉米、大豆、牛毛草、牧草等）。

d. 计划产量。

e. 实际产量。

f. 针对每一块田地，完整记录一年的氮存量值，包括：

（i）计划的该种作物要求的氮肥总量，单位是磅/英亩[非豆类作物所需要氮肥，或豆类作物所需要的脱量，参阅该标准的A2（1）部分]；

（ⅱ）施于土地中粪肥的作物可利用氮（PAN）单位（磅/英亩）；

（ⅲ）其他来源的氮（磅/英亩）；

（ⅳ）来自所有来源的总的所施用的作物可利用氮（磅/英亩）；

（ⅴ）来自所有来源的所施用的作物可利用氮总量与计划施用的氮的总量的差值（磅/英亩）。

g. 针对每一块田地，完整记录一年的磷酸盐存量值，包括：

（ⅰ）该土地土壤测试施磷量；

（ⅱ）密苏里磷指数（P-指数）率，如果可行的话；

（ⅲ）作为粪肥的实际磷施用量（磅 磷酸盐/英亩）；

（ⅳ）其他来源的实际磷施用量（磅 磷酸盐/英亩）；

（ⅴ）今年收获的作物的计划脱磷量（磅 磷酸盐/英亩）；

（ⅵ）今年收获的作物的实际脱磷量（磅 磷酸盐/英亩）；

（ⅶ）今年磷酸盐余量（实际施用量与计划施用量之差；磅 磷酸盐/英亩）；

（ⅷ）针对多年来一直使用磷的土地，记录多年计划期间所累积的磷酸盐余量（累积余量等于实际施用量与计划施用量之差，单位：磅 磷酸盐/英亩）。

REFERENCES

Lory, J.A., G. Davis, et al., 2007. Calculating plant-available nitrogen and residual nitrogen value in manure. MU Extension Publ. G9186.

Lory, J.A., R. Miller, et al., 2007. The Missouri phosphorus index. MU Extension Publ. G9184.

Lory , J.A. and S. Cromley, 2006. Soil sampling hayfields and rowcrops. MU Extension Publ. G9217.

Lory, J.A. and S. Cromley, 2005. Soil sampling pastures. MU Extension Publ. G9215, Univ. of Missouri,

Columbia, Missouri.

Lory, J.A. and P.C. Scharf, 2000. Preplant nitrogen test for adjusting corn nitrogen recommendations. MU

Extension Publ. G9177.

Lory, J.A. and C. Fulhage, 1999. Sampling poultry litter for nutrient testing. MU Extension Publ. G9340.

Fulhage, C. 1993. Laboratory analysis of manure. MU Extension Publ. EQ215.

第一章 政策与标准

八、美国伊利诺伊州自然资源保护局保护条例标准——养分管理 条例号：590

定　义

管理施用植物养分和土壤改良剂的数量、来源、位置、形式和时机。

目　标

- 为植物生长计算、提供和保存养分。
- 最小化地表水和地下水资源的农业非点源污染。
- 合适利用粪便或有机副产品以作为植物的养分来源。
- 通过减少氮的排放量（氮和氮的化合物）和大气颗粒物来保护空气质量。
- 维持或改善土壤的物理特性、化学特性和生物特性。

条例适用范围

此条例适用于所有施用植物养分和土壤添加剂的土地。本标准不适用于一次性的养分施用于多年生作物。

准　则

总准则适用于上述所有目标。

制定氮、磷和钾的养分计划应考虑所有潜在的养分来源，包括但不限于绿肥、豆类、作物残茬、堆肥、动物粪便、有机副产品、生物固体、废水、有机质、土壤生物活性、化肥和灌溉用水。

在伊利诺伊州使用的增强效率的化肥必须被美国植物食品管理机构协会定义，并且已在伊利诺伊州农业部注册可使用。

为了避免盐损害，基肥中氮和钾的施用量和位置必须与伊利诺伊大学农学手册一致。

施用于作物的氮，必须符合伊利诺伊州农学手册中的要求。

为了实行590养分管理条例标准和评估，当某块地至少50%的面积都是通过地下排水时，这块地将会考虑暗管排水。将会使用伊利诺伊州排水指南来确定排水的程度。

伊利诺伊州NRCS氮管理指南中指出，暗管排水和/或包含有泥土的地块，氮淋溶的风险很高，将达到中等风险。

当出现以下情况时，必须使用伊利诺伊州NRCS磷指数：

- 计划的作物或轮作的施磷量超过伊利诺伊大学农学手册的推荐量时，或者

- 计划施用区域内或由于伊利诺伊州环境保护署指定的磷或藻类 [即水体中总磷或根据最近的 305 (b) 评估报告列为损害水质的一种来源的水生藻类] 破坏 HUC 12 流域。
- 不满足这些条件的地块不需要使用伊利诺伊州磷指数，除非本标准的其他条例另有要求。

若有需要，保护条例标准定期修订和更新。获取本条例的当前版本，请与您所在州的自然资源保护局联系。

有机农场的养分来源和管理必须符合美国农业部的国家有机认证计划。

施用灌溉水必须最小化养分流失至地表水和地下水的风险。

土壤 pH 值必须维持在一定的范围，以提高作物的养分有效性和利用率至一个适当的水平。

使用下列方法之一来确定每种作物的平均作物产量：
- 根据生产记录，平均每种作物的 5 年产量，不计产量变化较大的年份（即 5 年平均产量水平 ±25%）。平均乘以 1.05。
- 农作物保险产量、农场服务机构产量或县平均产量。
- 根据土壤类型和伊利诺伊大学的"伊利诺伊州平均作物、牧草和林业生产力评级：810 号公告或伊利诺伊州最佳作物生产力：811 号公告"的产量的加权平均。

土壤、粪便和植物组织来样及实验室分析（检测）

将根据当前土壤、粪便和组织检测结果（作为补充信息）制定养分计划，并遵照伊利诺伊大学的建议，或伊利诺伊大学认可的行业标准。

土壤采样和检测将根据伊利诺伊大学农学手册中描述的方法和伊利诺伊农学技术备忘表 23 号："稳定的植物养分的土壤来样指南"来完成。土壤检测必须至少每 4 年检测一次，除非各州或联邦法规要求更频繁的检测频率。

土壤和组织测试必须包括监控或修改年度养分计划的相关分析因素，如 pH 值、磷、钾。有机物质和电导率的检测，和/或氮的检测是可选的。

土壤的检测分析必须由实验室来完成，完全符合伊利诺伊州土壤检测实验室协会认证项目（ISTA-LAP）http://www.soiltesting.org/ 或北美测试能力验证项目——性能评估项目（NAPT-PAP）http://www.naptprogram.org/pap 的要求和业绩标准，或者 NRCS 认可的项目，认为实验室可确保土壤检测结果的准确性。

粪便的养分价值必须在施用时或施用前确定。

粪便分析必须包括，至少包括总凯氏氮（N）、氨氮、总磷（P）或 P_2O_5、总钾（K）或 K_2O 以及固体百分比。根据动物品种、动物生长阶段、粪便储存和施用方法而预估的粪便中有机组分的植物可利用的氮。氮将会被记入至养分计划中，每年预计分别施用50%、25%及12.5%的植物可利用的有机氮于第一年、第二年和第三年的作物。

至少必须每年收集和分析粪便、有机副产品和有机固体样品，如果需要说明经营上的改变（饲料管理、动物类型、粪便处理策略等）影响粪便养分浓度，则需要增加频率。

上一年的粪便检测结果可用于初步计划，经营上有变化将会导致粪便化学成分的巨大变化除外，如饲料管理、存储方法、牲畜类型或动物生产阶段的变化。

持续的、平均的养分含量检测值可以用来计算合适的粪便施用量，以满足本年度的养分需求。在建立稳定的养分含量平均值之前，粪便的抽样频率应根据设计的贮藏期来计算。例如，粪便储存设施为6个月的存储期，那每年应该采样两次。粪便储存设施的存储期为9个月，每9个月采样一次。粪便储存设施的设计储存量为12个月，那每年至少采样一次。在计划实施的过程中，如果经营上没有发生变化，牧场连续三年都保持一个稳定的养分浓度水平，那么可以降低粪便的检测频率，除非联邦和各州要求更频繁的粪便检测。

必须收集、准备和存储粪便样本，并按照以下网址中所列的条款和方法来运输粪便样本：

http://www.extension.org/pages/16393/manure-sampling or the Livestock Facilities Handbook

在规划新养殖场或改建养殖场时，可从NRCS农业废弃物管理牧场手册，家畜设施手册，MWPS-18第一节获得可接受的"参考值"。

粪便的检测分析必须由实验室测完成，并完全符合隶属于明尼苏达州农业部的粪便检测实验室认证项目（MTLCP）的要求和业绩标准。

http://www2.mda.state.mn.us/webapp/lis/manurelabs.jsp.

养分施用量

计划的氮和磷的施用量不能超过伊利诺伊大学农学手册指南或伊利诺伊大学认可的行业惯例的推荐值。如果适宜调整了管理技术和程序，养分的施用量可与伊利诺伊大学的推荐值略有偏差。参考伊利诺伊州NRCS适配氮管理指南。

至少，施用量的确定必须基于作物/种植顺序、当前土壤检测结果、实际的产量目标及NRCS核准的养分风险评估。

预估产量必须考虑以下因素，如贫瘠土壤、排水、pH值、盐度等，应事先假设氮和/或磷的缺乏。

对于新作物或新品种，在伊利诺伊大学信息可供使用之前，可使用行业标准产量和养分利用信息。

如果达到了种植者的目标，养分的施用量可低于推荐值。

施用生物固体、基肥和种肥所提供的作物养分，必须纳入养分计划。

伊利诺伊农学手册提供了预估的豆科类植物氮的利用量的推荐值。

养分来源

养分资源利用必须与施用时间、耕作和种植系统、土壤特性、作物、轮作、土壤有机质含量以及和当地气候一致，以最小化环境的风险。

养分施用时间和位置

所有养分的施用时间和位置必须与植物实际的养分吸收（由作物利用）高度一致，并考虑养分来源、耕作制度的局限性、土壤性质、天气条件、排水系统、土壤生态和养分风险评估结果。

施用包括磷肥的基肥时，可以施用于限磷地块：

- 地块至少50%的地被植物。
- 施至土壤表面以下。

如果养分会流失至地块外，则养分不能表施。这些包括粪便、尿素、尿素硝铵溶液、硫酸铵和/或氨化磷酸盐的喷洒：

- 在冰冻和/或白雪覆盖的土壤。
- 由于降水或融雪，土壤表面2英寸饱和。

除上述标准外，可表施养分：

- 当已做好足够的保护措施，如，但不限于保护作物轮作（328号）、残茬和耕作管理（329、344、345、329）、等高耕作（330号）、带状播种（585号）、覆盖作物（340号）和滤土带（393号）。
- 当已执行合适的侵蚀控制措施以防止养分流失至地块外，例如，但不限于梯田（600号），水和沉积物控制（638号），和植草水道（412号）。
- 当在冻土上追肥小粒谷类物或牧草，或霜冻播种豆类。
- 适当的处理必须完成中等磷指数评级。

附加的标准：以最小化地表水和地下水的农业非点源污染

计划中必须使用NRCS核准的氮、磷和土壤侵蚀评估工具来评估养分和土壤流失的风险。必须强调确定的来源以满足当前的计划标准（质量标准）。当养分存在移动的高风险时，在养分通过地表或地下排水（如，暗管）之前，必须采用保护措施以避免、控制粪便和养分。同时必须考虑施用量以限制养分移动至暗管。

养分将以4R原则施用：正确的位置、正确的量、正确的时机、正确的来源，以最小化养分流失至地表水和地下水。如果适用，必须使用以下一条或多条养分利用效率策略或技术：

- 缓慢和控释肥料。
- 硝化抑制剂。
- 浅施或深施。
- 施用的时间和数量。
- 土壤硝态氮和有机氮检测。
- 协调养分施用与优化作物养分吸收。

若适用，还可使用以下一条或多条养分利用效率策略或技术：

- 玉米秸秆硝酸盐检测（CSNT）、预测施氮检测（PSNT）、播种前土壤硝态氮检测（PPSN）。
- 组织检测、叶绿素计和光谱分析技术。
- 其他赠地大学推荐能提高养分利用效率和减少地表或地下水资源问题的技术。

适用于合理利用粪便或有机副产品作为一种植物养分来源的附加标准

粪便的施用必须符合所有适用的州和联邦法规，如畜禽管理设施法案（LMFA）、伊利诺伊州环境保护法案和联邦清洁水法案。

通过灌溉系统施用液态粪便：

- 不得超过土壤渗透率和持水量。
- 基于作物根系深度。

施用液态粪便时必须以深施的方式以避免径流或流失至地下排水暗沟。

必须协调作物生产和养分利用效率技术以充分利用植物有效氮矿化，由于脱氮或氨挥发，以降低潜在的氮损失。

粪便不能施用在以下区域：

- 坡度大于15%，除非浅施或深施。
- 1/4英里内有住宅（养殖户自己的住宅除外），除非在24小时内深施或浅施。
- 200英尺内有地表水，除非有适当的筑堤。
- 150英尺内有饮用水源。
- 10年的洪泛区，除非使用深施或浅施的方法。表施粪便将会被深施或在施用后24小时浅施。
- 有机质土壤季节性水位在土壤表面1英尺内。
- 植草水道，除非偶尔通过灌溉系统施用液态粪便，并且：

√灌溉没有径流。

√至地表水的距离大于200英尺。

√ 至饮用水源距离大于 150 英尺。

√ 至非饮用水井、废弃或堵塞水井或注入井的距离大于 100 英尺。

√ 预计在 24 小时内不会降水。

粪便可表施在有永久植被的区域,即使坡度大于 15% 也不用深施或浅施。粪便不能施用在:

- 150 英尺内有饮用水源的。
- 有机质土壤季节性水位在土壤表面 1 英尺内。
- 草地间歇性排水系统中心线两边 15 英尺内,通过灌溉系统施用液态粪便除外。
- 排水沟两边、排水瓦管表面入口或开放的入水口(喀斯特地形)35 英尺内。

液态粪便不能施用在这些区域:土壤深度至断裂岩层、沙或碎石的距离小于 24 英寸。

收获小粒谷物作物或玉米青贮的土地,施用粪便时存在高风险(氮管理指南概述过),将计划种植双季谷物作物、一年生牧草或覆盖作物。

消纳粪便的土地,若其磷风险评估结果等同于低风险,可施用额外的磷,施用量可大于作物的磷去除速率,但不超过下茬作物的氮需求量。若消纳粪便的土地,其磷风险评估结果等同于中等风险,额外的磷的施用量等同于轮作的计划作物的磷去除量。当磷风险评估结果等同于高风险时,如果满足以下条件,可施用与作物磷去除量等量的额外的磷:

- 已实施降低土壤含磷量的策略。
- 已完成该施用地点的养分和土壤流失的评估,以确定是否需要减缓方案来保护水质。
- 这些高风险要求的任何偏差都必须经过 NRCS 首席的批准。

豆科植物的粪便施用量等于收获的植物生物量的预估氮去除量。

粪便的施用量等于推荐的施磷量,或轮作、多年作物种植顺序的收获植物生物量的预估磷去除量。当确定这样施用时,在施用的当年或收获期内,磷的施用量不能超过推荐的施氮量,并且在当年以及磷被用于供应养分的任何年份,不会施用额外的磷。

当土地的 Bray P1 或 Mehlich 3 中间测试值超过 300 磅磷/英亩时,不会多年施磷在该地块。当中间测试值超过 400 磅磷/英亩,不会施用任何的磷。

施用有机副产品和有机固体必须符合所有州和联邦法规,并且严格遵循适用的 NPDES 许可证和/或伊利诺伊环保局出台的州经营许可中所列出的条款。

施用有机副产品和/或生物固体的土地,依照适用的联邦和州法律,必须监测重金属和磷的堆积。

第一章 政策与标准

通过减少气味、氮排放和大气颗粒形成来保护空气质量的附加标准

为了解决由气味、氮、硫、和/或微粒排放引起的空气质量问题；必须调整施用的来源、时间、数量和位置以最小化对环境和人类健康的负面影响。可使用下列一个或多个措施：

- 减缓或控释肥料。
- 硝化抑制剂。
- 脲酶抑制剂。
- 养分优化技术。
- 浅施。
- 深施。
- 稳定氮肥。
- 残茬和耕作管理。
- 免耕或条耕。
- 减少这些排放影响的其他技术。

不要施用鸡粪、粪便或相似干燥程度/密度的有机副产品，当风会把以上所指的这些物料吹走的概率很高时。

改善和维持土壤的物理、化学和生物特性，为作物产量和环境保护来提高土壤质量的附加标准

定期的施用养分，以避免土壤板结。

盐度也是一个关注方面，选择养分来源以最小化土壤中盐分的形成。

注意事项

免耕/条耕，并结合覆盖作物以增加土壤有机质、提高土壤团聚体稳定性、减少板结、改善渗透率，并且提高土壤生物活性来提高养分利用效率。

基于预估的作物产量、土壤变化、土壤硝酸盐或有机氮供应水平或叶绿素浓度来调整施氮量。

基于特定地块的作物产量、土壤特性、土壤检测值和土壤生产力的其他因素的可变性来确定氮、磷、钾的施用量。

使用产量监测系统制定特定地块的产量地图。使用这些数据进一步确认低产量和高产量的地区或区域，并进行必要的管理变化。农艺技术说明的（TN）190第三部分，精准养分管理计划。

通过生物固氮和养分循环，使用豆类作物和覆盖作物来提供氮。

更改动物配方日粮以降低粪便中的养分含量，遵循包含在保护条例标准（CPS）条例号 592——饲喂管理中的建议。

牧草种植在含钾量过高的土壤会导致放牧动物的牧草痉挛症。

使用土壤检测结果、植物组织分析和田间观察以核对植物营养不足或毒性，可能会影响植物的生长或主要养分的可用性。

处理无水氨或处理储存在不通风设施的粪便时，必须采取额外的谨慎措施。

减少农业非点源污染地表水和地下水的注意事项

利用保护实践来减缓径流、减少水土流失、增加渗透率，如滤土带、等高种植或缓冲带以及植草水道。

在土壤中磷含量较高的区域或预计土壤中磷含量将增加的区域，与每 4 年检测土壤相比，考虑更频繁地检测土壤。

采用施用方法和时间的策略，以减少养分移动至地表和地下水的风险，如：

● 分期施用氮以最大化作物利用率。

● 带状施用氮和 / 或磷，以提高养分有效性。

● 排水管理减少养分通过排水系统排放。

● 如果在计划施用的时间内预计会降水可能产生径流和侵蚀，表施粪便或有机副产品后浅施。

通过降低氮和 / 或微粒排放至大气中来保护空气质量的注意事项

避免在逆风或公众集会时（如婚礼、教堂、学校等）表施粪便和其他副产品。

使用高效灌溉技术（如中轴灌溉设备的减压喷嘴），以减少潜在的养分流失。

计划和声明

以下的要素必须包括在养分管理计划中：

● 施用点的航拍照片或地图，以及该施用点的实地勘查图。

● 土壤信息包括：土壤表面纹理类型、pH 值、排水方式、渗透率、有效含水量、水位深度、限制因素和洪水和 / 或水洼频率。

● 指定的敏感区域的位置和相关的养分管理的限制因素。

● 源自氮、磷风险评估工具和修正版通用土壤流失公式 2（RUSLE2）计算侵蚀的推荐值和结果。

● 当施磷量超过作物需求，建立施用点低风险磷移动至地层水的记录文件。

● 当前和 / 或计划的作物轮作及相关的产量水平。

● 适用于养分管理计划的土壤、水、堆肥、粪便和 / 或有机副产品及植物组织样本的分析结果。

● 在适用情况下，提议的磷下降策略的说明。

- 作物轮作的氮、磷、钾的完整养分计划。
- 列出施用养分的来源、形式、量和时间，包括提高效率的化肥产品。
- 实施、经营和维持指南，以及记录保持。

此外，以下要素必须包含在一个精确/可变的养分管理计划中：

- 记录地块分界线的地理坐标及收集的数据被作为 GIS 层来处理和分析以产生养分和土壤改良剂的建议。
- 记录养分推荐方法和/或用于转换 GIS 基础数据层或养分来源建议。
- 提供每个管理区域的施用记录或单个地块分界（或电子记录）的施用地图，记录每次施用的来源、时间、方法和数量。

如果土壤中的磷水平预计将增加，养分管理计划必须记录：

- 土壤磷水平的中间值，是否需要转换为以磷为基础的规划。
- 作物生产和收获中，降低土壤磷含量的潜在计划。
- 用于减少磷移动和流失可能性的管理活动或技术。
- 量化超过作物营养需求的粪便。
- 降低土壤磷水平以保护水质的一个长期战略和计划实施时间表。

运营和维护

定期计划审查以确定是否需要调整或修改养分管理计划。至少，每个土壤检测周期、粪便量或分析以及作物或作物管理发生变化时，根据需要必须更新和修订计划。

动物数量、管理或饲喂管理发生重大变化时，必须另外分析粪便以建立一个修订的养分内容。

校准施用设备，以确保养分按计划的量精准施用。

记录养分的施用量。当施用量与计划施用量不同时，记录中应指出造成这种差异的原因。

记录必须保持至少五年以记录计划的实施和保持情况。若适用，记录包括：

- 土壤、植物组织、水、粪便和有机副产品的分析结果，以确定养分施用的推荐值。
- 养分施用的数量、分析和来源。
- 施用养分的日期和方法，施用养分的来源和数量。
- 施用时的天气状况和土壤湿度（干燥、潮湿或饱和）；浅施的结束时间；降水或灌溉事件。
- 作物播种和收获日期、产量、收获生物量的养分分析和作物残茬移除。
- 养分管理计划的修订日期、修订者的名字，以及修订意见。

● 所有提高效率所使用的化肥产品。
● 精准/可变的施用的其他记录必须包括：
√确认所有施用植物养分的来源、时间、数量和位置的地图。
√以 GPS 为基础的作物产量地图，产量可数位收集。

第二章 实用技术

一、"零排放"施肥量计算方法

生猪养殖绝非易事,想要保证高出栏量,同时又在市场上具有竞争力,有很多问题需要引起注意。在有限的空间饲养大量生猪,定时喂食,以保证快速生长,隐患很多。通常情况下,这些问题事后才会发现,因此并没有得到应有的重视。猪粪通常被视为废弃物进行处理,越快处理掉越好(同时也希望尽快消除猪粪的臭味)。

猪粪的价值

但作为肥料,猪粪很有价值。猪粪里包含的氮、磷、钾对于农作物的生长至关重要。农民通常要购买包含这些成分的化肥用于作物生长。如果利用猪粪施肥,可直接减少这方面的支出。根据本手册后面的猪粪成分检测报告(表2-2)可以看出,通常1吨猪粪(约1立方米)约含8.5千克的氮(N),3.3千克磷(P_2O_5)及3.6千克钾(K_2O)。但是这些数值会受猪粪的收集方式、存储方式及其他因素影响,发生较大变化。假定上面的估值代表猪粪中实际的养分成分值,按目前的市场价格来计算,1吨猪粪中,所含有的氮、磷、钾三者的价值为10.54美元[1]。根据美国业内公开的相关数据,饲养1000头猪每年可以产生1588吨猪粪浆,即饲养1000头猪每年可以产出价值约16738美元的氮、磷、钾[2]。猪粪价值虽高,但如果生猪养殖者不加以利用,不将猪粪用于附近农田以代替当下农民们普遍购买的化肥,那么养殖者并不能从猪粪中获益。

猪粪除了能节省购买化肥的支出外,还有化肥所不具备的其他优点。它富含除氮、磷、钾以外的有助于作物生长的其他微量元素。此外,猪粪中富含的有机物质,有助于

---

[1] 相关价格主要参考下面这个网址 https://blogs.worldbank.org/opendata/fertilizer-prices-expected-stay-high-over-remainder-2021。
2021年5月1日,几种肥料的具体价格为:每吨尿素331.6美元,每吨磷酸二铵574.6美元,每吨钾肥202.5美元。将这些肥料转化为等价的化学物质的价格分别:每吨氮720.1美元,每吨磷967美元,每吨钾337.5美元。如果我们翻看一下过去3年里三种肥料的价格最低点,可以看到2020年5月1日,尿素,磷酸二铵与钾肥三者的价格分别为每吨201.9美元、263美元及216美元。

[2] 此处假定将猪粪用于对这三种养分都有需求的作物。比如,大豆可以吸收大气中的氮,因此土壤里需要有较少的氮物质。

构建土壤结构，改善降水入渗与土壤的持水性，减少土壤流失。土壤中的有机物还可以增加土壤的生物多样性，特别是微生物的多样性。这些微生物有助于分解有机化合物，从而提高作物产量。作为土壤添加剂，猪粪的这些特征除可以增强土壤的可持续性外，还可以提高粮食产量。

使用猪粪代替化肥，还可以减少向大气中排放二氧化碳，有助于减缓全球变暖。另外，使用猪粪代替高耗能的化肥可以减少能源总需求。增加土壤中的有机物可以使有机物匮乏的土壤提高固碳能力，因此在有机物匮乏的土壤中使用猪粪，可以使土壤锁住更多的碳成分，减少大气中的二氧化碳含量，有助于减少温室气体排放，缓解全球变暖。

使用猪粪施肥面临的问题

既然猪粪优点这么多，为什么中国的农民不愿意使用猪粪施肥呢？部分原因是有些农民认为化肥更加现代化，因此优于猪粪。在化肥问世之前，粪肥在中国的使用已经有几千年的历史。农民因这种原因而放弃使用化肥的态度是可以转变的，但需要一些时日。猪粪在提高作物产量与改善土壤方面的优越性并不能在短短一年里体现出来，通常需要好几年且在各方面条件都具备的情况下，其优越性才可以与化肥相比较明显。很多时候，农民只有在免费或是得到报酬的情况下才愿意使用粪肥[①]。经过一段时间以后，如果猪粪使用得当，它在增产增收及改善土壤肥沃性方面的优势便会体现出来，农民就会有意愿并乐意购买猪粪施肥。

在美国，很多农民最初也并不愿意将畜禽粪便用于作物种植。在"零排放"政策颁布的最初几年，畜禽养殖者需对动物粪便加以处理以达到城市废水排放标准，或者需要使用粪便在附近农田施肥，同时避免污染附近淡水资源以实现零排放要求。因此很多畜禽养殖者不得不将粪肥免费送给邻居用于作物种植。但是一段时间之后，很多农民认识到了粪肥的价值，开始愿意付钱购买粪肥了。有些农民想花钱买粪肥，而有些农民则只想要免费的粪肥，养殖户们自然而然地选择了前者以减少了粪便管理的费用。慢慢地，农民愿意花钱买这些含氮的猪粪，同时也愿意为使用粪肥施肥支付费用。尽管农民需要花钱才能得到粪肥中的氮，但也同时免费得到了猪粪中的有机物质与微量元素（或是省去了施肥成本）。这是双赢的做法：农民以极低的成本获得了粪肥，而养殖者则从粪肥中得到一些收入。

通常情况下，与使用化肥相比，使用猪粪时施肥量没那么精确，产量会受到相应影响，因此会打击农民使用猪粪的积极性。但如果可以准确地测量猪粪中的各种成分的含

---

① 美国环境保护署（局）于2003年针对畜牧养殖业在全国范围内颁布了相关法律法规，法规要求，养殖户必须提供相关证明，证明已对牲畜的粪便进行了相关处理，达到零排放标准，才可以获得排放许可。美国的很多州，在此之前，CRS已经颁布了相关条例。目前，获得零排放许可证在美国的生猪养殖业已经是规范性的操作了。

量，然后匹配作物生长所需的养分，那么就可以增加施肥的精确性。此手册讲述了如何使用猪粪施肥，以及如何提高施肥的精确性。相信经过一段时间的实践，农民会认识到使用猪粪对改良土质所带来的额外效益，而这远胜于目前使用猪粪用量不够精确的这一缺点。

农民不积极使用猪粪施肥的另一个显著原因是施肥时实际操作比较困难，且体验不好，使用粪浆时尤甚。猪粪浆是猪的粪便与尿液及其他清理用水的混合物，通常含85%~95%的液体。因此为匹配作物生长所需要的营养成分，就需要使用大量的粪浆。而如果将固体物从粪浆中分离出来（该做法完全没有必要，此手册也不提倡这么做），也只是在某些情况下有效，所需的猪粪仍然量比较大，比较重，施肥体验也不好。

在美国，是通过配套使用专为粪浆设计的运输和施肥设备，来解决粪肥运输与施用的问题。与此同时，还兴起了一批公司（承包商）向农民提供猪粪施肥服务，通常称为"定制化施肥公司"。许多大型农场主既养猪同时也种植农作物，他们会购买或租用罐车把猪粪从储粪池运输到农田，然后购买或是租用施肥机械设备，收集粪浆还田，整个过程便捷、准确且高效。定制化施肥公司通常使用管道将猪粪运输到农田，有些管道甚至可以长达几千米。那些既没有购买也没有租用猪粪施肥机械设备的农民或是养殖户就可以雇用"定制化施肥公司"给自己或是邻居的农田施肥。将猪粪直接留置在耕地表面的做法，过去司空见惯。而如今，或是先将猪粪施于土地表面，然后通过地表浅耕使猪粪与土壤混合，促进吸收；或是直接使用机械将猪粪埋入土壤促进吸收，已经十分普遍。直接将猪粪埋入土壤层，既减少了施肥过程中氮的流失，同时也大大降低了猪粪气味的扩散，甚至很难根据气味判断农田里最近是否用了猪粪施肥。直接深耕粪浆同时也减少了地表径流，特别是在施粪之后紧接着出现降水时。

中国农民的家庭耕地面积虽小，但这不应阻碍中国实现机械化还田。中国的农业机械化程度不断提高，并且在中国的农业机械化过程中所研发出的机械设备更适合家庭农田面积小这一特点。一个比较好的案例就是小麦收割机械化。20世纪80年代，在中国只有小部分小麦实行机械化收割。很多人，甚至有一些大学里的专家，也认为在中国每个农户的麦田面积较小，不适合使用大型收割机收割小麦。但一段时间以后，中国的农机企业研发出了体积小且非常灵活的小麦收割机，比较适合在小块麦田里作业。而且，因为单个农户耕种面积较小，实在没有必要购买昂贵的农机设备，于是相应地出现了定制化的小麦代收割服务，为农民解决小麦收割问题。有时候农民成群地组织起来，甚至是整个村子的农户们联合起来，共同使用收割机收割小麦。中国的这种定制化小麦代收割服务就类似于美国为应对政策要求更精确的猪粪还田而出现的定制化猪粪施肥服务。将美国目前使用的施肥农机小型化十分容易，而实际上，小型的施肥机有可能比目前美国广泛使用的大型机械更好。因猪粪浆非常重，使用大型设备运输大量的粪浆至农田会压实耕地，对耕地造成损害，除非使用特殊的施肥方式才可以避免这种问题。而小型机械运输的猪粪量较少，重量轻，从而降低了破坏耕地的风险[①]。

最后，尽管使用猪粪施肥的基本原则十分简单，但如何对周围淡水体系实现零排放则比较复杂。最初，在美国要求作物农场主与畜禽养殖户制定《粪肥养分管理计划》（简称 NMP），该计划中应列出在哪些农田使用哪些粪肥养分，以及根据所种植的农作物及其预期产量估算粪肥使用量。制订这种方案并非易事，必须考虑农田土壤中原有的各种养分含量、土壤类型、农田排水、周围淡水水系，以及种植方式、作物养分需求，以及猪粪的养分含量。农田所处水系也是制定该计划所需要考虑的重要因素。例如，在距离水质敏感的切萨皮克湾较近的东宾夕法尼亚州、马里兰州及弗吉尼亚州的部分地区进行粪肥还田，与远离大型水系的大部分中西部地区相比，农场主将会面对更为苛刻的施肥规范。除美国环境保护署（EPA）制定了统一的管理总则，要求农民必须制定"零排放"施肥方案以免于实施规定所要求的废水处理外，美国农业部的自然资源保护局也制定了一些文件以辅助农民遵守美国环境保护署的相关规定，并且各个州通常都会颁布更为具体及适合本州的工业与环境特点的指导原则与标准。

擅长种植庄稼的农民并不一定擅长制定详细的《粪肥养分管理计划》并用于还田。因此，如同定制化施肥公司的兴起一样，环境咨询专家在美国农村逐渐盛行起来，他们帮助农民制定方案，遵守当地的政策，并紧跟行业的发展形势。这些咨询专家通常都有本科，甚至研究生学历，并且收入不菲，选择留在了农村生活。这些专家还会继续在职进行常规培训，学习必要的专业知识，了解当前最新的技术知识与政策规定。

中国目前正致力于发展这样的行业：想办法吸引大学生回流农村，并给予不错的待遇。大力发展定制化猪粪还田服务行业，环境咨询行业，及猪粪检验服务（如下面所述），正好可以实现上面的目标。这样，将猪粪变废为宝，以零排放的方式用于农田，不仅可以减少养殖户成本，还可促进作物增产增收，提高土壤肥力与可持续性，振兴农村经济。

在中国采用粪肥的五大理由

（1）减少养殖户处理粪肥的成本。中国目前的政策强调以高标准处理猪粪，保留的养分含量较低。处理过程困难，且费用较高，浪费了原本可供作物生长的养分。

（2）为农民提供低成本、高养分含量的肥料。中国农民习惯于购买化肥，但这些支出可以用于购买含有等量氮和磷的猪粪，并且猪粪附带有其他有益于作物

---

① 在美国，专业的施粪机都配备有几个特大轮胎，且胎压可自动调节，从而尽量减少对土壤造成损害。

生长的养分与有机物。

（3）改善土壤的整体结构。中国目前正致力于保护与改善农业用地。使用粪肥，可以增加土壤中有机物质，同化肥相比，猪粪可以改善土质结构，提高土壤的雨水渗透能力与土壤的水分保持能力，同时也可防止土壤流失。

（4）减少二氧化碳排放量。使用猪粪替代高耗能的化肥，可以减少碳排放，增加土壤中的有机物与含碳量，减少向大气中排放二氧化碳，从而有助于减缓全球变暖。

（5）在农村地区提供收入可观的就业岗位。为快速高效地将猪粪应用于农田，需要一系列的配套服务与机械设备，包括制定粪肥养分管理方案（NMP）的咨询服务，检测土壤与猪粪中养分含量，提供猪粪施肥服务。因此，提供这些服务的公司以及相关的就业岗位，会随着施粪于田的相关政策落地与实际需要而不断涌现。

二、猪粪"零排放"施肥量示例

下面列举了 7 个例子用于说明一家典型的生猪养殖场如何计算猪粪施肥量以实现零排放,包括:通过固定氮的使用量,使其与作物的氮需求相匹配,即"氮限量"(示例1);固定磷的使用量,使其与作物的磷需求相匹配,即"磷限量"(示例2)。另外,还给出了针对单季玉米作物施粪量:单季玉米种植是中国东北主要的种植方式(示例 1 与示例 2),以及针对冬小麦与夏玉米轮作种植方式的施肥量,这是华北平原主要的种植方式(示例 3 与示例 4)。另外,给出了一个比美国猪粪浓度低很多的氮限量施粪案例,该案例采用的粪样部分是近些年在中国生猪养殖场采集的猪粪(示例 5)。在示例 6 中,由于氮的挥发率的假设发生了变化,因此可供作物利用的氮含量也发生了改变。氮的挥发是指在施粪过程中或施粪之后,粪中的氮与空气结合以氨态氮形式挥发。氮的挥发率会因施肥方式的不同而大相径庭。

示例 1-6 均假定施粪前该农田土壤里没有任何养分,所以猪粪使用量与作物对养分的吸收量完全匹配(有些案例中是根据作物对氮的吸收量,有些则是作物对磷的吸收量,非此即彼)。这种情况现实中当然是不存在的。因此,施肥之前必须考虑土地中现有的含氮量,然后从作物对氮的吸收量估值中减去土壤中已有的含氮量。实际上,本节所讲的猪粪中的有机氮部分需要大约 3 年时间的矿化[①],才能达到一定量以供作物吸收利用。所以在决定同一块土地来年的猪粪使用量时,应该考虑土地中含有的前一年矿化的有机氮。在示例 7 中考虑了这些因素并给出相应的养分估值。但是,有机氮的矿化率在不同土壤中差别很大,造成这种差别的因素有土壤特征及其他因素(比如天气)。另外,准确获取土壤中各种养分含量的唯一方法是通过试验检测。

所有示例均假定猪粪是由具有 1000 头生猪栏位养殖规模的养殖场产出,而猪粪产出估值则是基于美国中西部规划服务组(MidWest Plan Service)公开的数据,该组织由推广教职人员组成,为农场主提供研究成果,而其研究也经常被业内广泛引用(例 5 除外,该例中,估值提高了一倍)。所有案例中的养分浓度均来自表 2-2 中的检测报告(例 5 同样例外,该例中浓度减半)。

还田过程中,请勿直接采用此手册中的猪粪施用量数据!

本手册中的猪粪施用量估值切记不可直接拿来使用:示例中采用的这些估值只是为

---

① 矿化是一个比较复杂的过程,在该过程中,土壤中的微生物将原本较大且不能被作物直接吸收的有机物质分解为氨基酸,然后各种微生物与酶再将氨基酸分解为无机(矿化的)氮化合物,才被作物吸收利用。

了解释说明计算猪粪施用量以实现零排放的基本原则，而不是直接推荐猪粪施用量用于每公顷玉米耕地或其他作物。猪粪施用量可因下面 5 个因素而大不相同：（1）猪粪中的养分含量及其他特征；（2）作物品种、耕种模式及作物的养分需求；（3）土壤类型、结构、坡度，以及施肥前土壤中的养分含量；（4）与淡水体系（包括地表水与地下水）的距离；（5）猪粪的采集、存储、运输与施肥方式。本手册中的养分估值旨在帮助您更好理解如何实现猪粪施肥零排放的示例，可用于预估您在实际操作中的施用量，但绝不能代替您使用各自农场的细节以评估粪肥还田时的实际用量。

乍一看，估算所需要的猪粪施用量非常简单：检测猪粪中的养分含量，测算作物的养分需求，然后算出每单位农田所需要的施肥量，使其与作物的养分需求相匹配。但实际上，该过程涉及诸多因素，因此并没有这么简单。下面示例展示了影响施肥量的各个因素，并具体分析这些因素如何导致农民过多施肥或是过少。施肥过量会浪费猪粪中的营养价值，造成作物减产与营养流失，而施肥过少则会造成营养缺乏，同样造成作物减产。

可以使用附表 2-1（在后面附录中），将各种信息结合起来，然后测算最佳的猪粪施用量。附表 2-1 主要预估 1000 头生猪栏位养殖规模，从断奶至育成的猪场（每年约出栏 2200 头猪）的粪肥施用量。这一信息录入该表左侧上部。下文将会仔细分析示例 1 及附录表，解释关键概念。而接下来的示例（2-7）则会比较简短直接。

示例 1 氮限量施肥法的预估粪肥施用量

假设：
（1）猪粪来自具有 1000 头生猪栏位养殖规模的猪场。
（2）将猪粪施于每公顷潜在产量为 7.5 吨的玉米耕地。
（3）表施后浅耕（挥发率控制在 5%）。
（4）将猪粪以厌氧液体或浆体的形式存储、运输与施用（矿化率为 35%）。
（5）假设施肥前土壤中的含氮量为 0。
以上数值都在附表 2-1 中。本手册所涉及的 7 个例子均在附表。

附表 2-1 第一行，猪粪年产量

首先，计算 1000 个猪栏位的猪场的粪尿年产量。此处所讲的猪粪，是指猪粪浆，通常不仅包括猪的排泄物，还包括流入储粪池的水，既有来自洒扫猪舍的水，也有雨水，或为降温所喷洒的水，还有猪只饮水时溅出的水。因为水重且体积大，稀释了猪粪中的养分浓度，所以应尽量减少猪粪中多余的水分。由于这个因素变化较大，因此预估猪粪产量最好是使用猪场投产后监测的实际产出的粪尿量。而如果猪场正在筹备，尚未

建成，那就需要估算猪场每年的粪尿产量。

在美国，有多个公开的渠道发布了每头猪或是每个猪栏位的粪尿产量参考值，而且养殖大州都会为养殖户提供此类信息及服务以供养殖户规划他们的农场。图1是一个表格截图，选自《猪粪的特征》第14页，该书由位于艾奥瓦州立大学的中西部规划服务组（MWPS）出版，专为农民提供其研究成果。由此表可以看出，这个育肥育成猪舍，使用漏缝地板，下带有深坑用于收集生产周期中产生的所有猪粪尿及其他液体。每个猪栏位的年排粪量约3500磅。然后乘以1000（猪场的养殖规模为1000猪栏位），除以2204，即可以由磅换算为吨，那么1000个猪栏位猪场[①]每年粪尿产量为1588立方米（吨）。将该数值输入附表1中的第一行。

图2-1：表7选自《猪粪的特征》第14页，该文件由MWPS发表，查询网址如下：https://www.canr.msu.edu/up-loads/files/ManureCharacteristicsMWPS-18_1.pdf。

畜禽生长阶段	产出量					单位	浓度			
	粪	氮总量	氨态氮	磷	钾		氮总量	氨态氮	磷	钾
	（磅/年）						磅/1000加仑猪粪			
仔猪	115000	21	11	17	15	每个猪栏位	15	8	12	11
保育	1000	3	2	2	3	每个猪栏位	25	14	19	22
育肥育成（深坑）	3500	21	14	18	13	每个猪栏位	50	33	42	30
育肥育成（干/湿饲料）	2500	17	12	13	12	每个猪栏位	58	39	44	40
育肥育成（粪坑）	3500	13	10	9	8	每个猪栏位	32	24	22	20
配种-妊娠	9100	27	13	27	26	每个猪栏位	25	12	25	24
出生-出栏	37500	126	72	108	103	每头母猪	25	12	25	24
	2000	7	4	6	6	每年出栏生猪				
出生仔猪-育肥	10000	25	13	22	23	每头母猪	21	11	18	19
奶牛	54000	200	39	97	123	每头母牛	31	6	15	19
青年牛	25000	96	18	42	84	每头产量	32	6	14	28
犊牛	6000	19	4	10	17	每头产量	27	5	14	24
屠用犊牛	3500	11	9	9	17	每头产量	26	21	22	40
奶牛群	73000	271	53	131	193	每头母牛	31	6	15	22
肉牛	30000	72	25	58	86	每头母牛	20	7	16	24
育肥犊牛	130000	39	12	35		每头产量	27	8	18	24
架子牛	25500	89	24	55	79	每头产量	29	8	18	26
肉鸡	83	0.63	0.13	0.4	0.29	每羽	63	13	40	29
小母鸡	49	0.35	0.07	0.21	0.18	每羽	60	12	35	30
蛋鸡	130	0.89	0.58	0.81	0.51	每羽	57	37	52	33
公火鸡	282	1.79	0.54	1.35	0.98	每羽	53	16	40	29
母火鸡	232	1.67	0.56	1.06	0.89	每羽	60	20	38	32
鸭	249	0.45	0.24	0.36	0.33	每羽	22	5	15	8

图2-1 预估液态粪便特性（选自《猪粪的特征》第14页表7）
表中所列数据仅可用于规划，不能用于常规分析

---

① 1吨（MT）猪粪的体积大致为1立方米，两者可以互相替换。1立方米的水重量约为1吨，而猪粪浆中含85%～95%的水分。

分析表 1 的时候，需要强调一点，即这些数据都只是估值，实际数据肯定不同，且变动很大。对于现有的猪场，最好的办法是根据实际运营情况来计算猪场每年粪尿产量而非只是使用一些公开发表的参考数据。美国谷物协会北京办事处的一个研究项目，在中国各地几个大规模猪场与奶牛场采集了粪样用于检测粪便中的养分水平，检测结果表明，固体与养分浓度与美国的猪场和奶牛场数据或其他美国公开发表的数据相比，都明显要低。究其原因，很可能是因为储存方式不同，雨水及其他废水，比如清扫畜舍产生的污水流入储粪池，导致粪浆被过度稀释。因此为保证猪粪中的养分浓度，应尽量减少流入粪浆中的水（将在示例 5 中深入讨论这一点）。另一个公开的数据来源是美国农业部自然资源保护局发布的《农业废弃物管理实用手册》（引文）。在该手册中，指出每头猪在出栏之前总共产出 1200 磅的粪尿。假定 1000 个猪栏位的猪场每年可出栏 2200 头生猪，就产出 264 万磅粪便，即产出 1198 吨猪粪。显然，即使是估值，其变动也很大，所以在条件允许的情况下，最好根据猪场的实际经营情况来计算粪尿产量。

附表 2-1 第 2～7 行，主要营养成分的测量值

在得到可靠或是合理的年猪粪总产量后，下一步就是计算猪粪中各个主要成分的含量，特别是氮、磷、钾[①]三者的含量。如估算猪粪总量一样，最好的办法是进行粪尿采样，然后检验样本，从而测得各成分的含量，再计算猪粪施用量，而不是使用公开的数据来预估粪便中的养分。检测粪便中养分含量这一环节十分关键，只有得到准确数值，才能达到最优施肥量。如果使用的预估值高于其实际养分含量，那么会造成施肥量不足，难以达到作物的最高产量。或者，如果预估值低于实际养分含量，则会造成施肥量过多，从而浪费了本来可以用于别处的猪粪，而且过剩养分很有可能径流至附近的淡水体系，甚至可能影响作物产量。

美国现在有多家公司可以为农民提供粪肥成分检测服务，出具检测报告[②]，并且是经验证的实验室。图 2-2 是某检测公司给出的一份检测报告。该报告是由一家位于美国中西部的私营检测公司出具，美国中西部是作物种植与畜牧养殖主要区域。农民可以将粪肥样本邮寄给实验室，实验室会对几个主要成分进行测试，然后在两天内出具检测报告（在本案例中，9 月 24 日猪粪采样，实验室 9 月 26 日收到邮寄的样本，然后 9 月 28 日出具检验报告）。猪粪采样本身是个技术活，农民需要采取具有代表性的样本。实验室不仅检测氮、磷、钾这些主要成分的含量，还会检测硫、钙、镁、钠、铜、铁、锰和锌，这些成分（除钠以外）对作物的生长十分有利。该检验报告还包括检测固体含量

---

① 硫在作物生长中的重要性也越来越得到更多的认可，且在牲畜粪便中的含量也很可观。
② 中国目前尚未建成这种提供猪粪测试服务并出具相关报告的系统或实验室，这会阻碍在中国实施猪粪施肥零排放还田之采纳，这一点将在手册末尾进行探讨。

（本例中固态值为 4.7%）与酸碱值。检测报告中的粪便固体含量也是养殖场经营管理过程中的有用信息。比如，如果粪便固体大大低于平均值，说明猪场的储粪池中流入较多废水，从而稀释了粪浆中的养分。因此为了匹配作物生长所需要的养分，就需搅拌及施用更多粪浆，因此在猪粪运输与施肥过程中会花费更多的成本与时间。

根据图 2-2 中的检测结果，可以填写附表 2-1 中的第 2～6 行。例如，图 2-2，即检测报告显示总氮量 0.84%，包括 0.56% 氨态氮与 0.28% 的有机氮。报告也显示 0.32% 的磷与 0.36% 的钾（这些数据也用于本手册首页中估算猪粪价值）。这些数据均以占粪浆的百分比形式给出，可以直接看出每吨猪粪各成分的含量（千克），这也是按附表 2-1 的要求给出的。1 吨含氮量为 0.84% 的猪粪中有 0.0084 吨氮，即相当于 8.4 千克氮。所以，检测报告中的养分含量仅需要向右移一位小数点，即可直接填入附表 2-1。

附表 2-1 第 7～13 行 作物类型与氮施用量细节

附表 2-1 的第 2～6 行列出了各成分的含量，而第 7～13 行用于估算作物对各种养分的需求值。那么首先需要确定将粪尿用于什么作物。本示例中，是将猪粪用于单季种植的玉米，因此将玉米填入第 7 行。第 8 行填入将要施粪肥的玉米的单产估值。实际上，表格中需要填写的是该地块过去几年的实际年平均"玉米产量"，并用此值估算该地块来年的玉米年产量。本示例中，为方便起见，把年单产量假定为 7.5 吨/公顷。这一数值略高于中国玉米单产的平均产值，但大致与中国东北玉米高产量地区的单产相当。很多农民使用较为保守的产量估值来计算施肥量，然后施加足量的商品氮肥，但如果遇到天气与其他利好因素，农民期盼更高的产量时，作物尚未成熟，肥料已经不足。

玉米的收成与氮与磷的需求量需要转换为收获 1 吨玉米需要多少氮与磷。同计算每个猪栏位的年粪尿产量一样，在美国各个地区都有很多大学提供玉米营养成分需求表用于指导该地区的作物种植。

中国也有各种作物对各营养成分的需求量估值。这些估值本来是用于计算化肥的施肥量的，但也可用于计算猪粪最佳施用量。中国有一本名为《中国主要作物施肥指南》（张福锁，等，著，2009），该书由中国农业大学出版社出版。书中提供了各种作物对各营养成分吸收量的估值，既包括粮食作物，也包括经济作物（该书在表 2-1 中列出了中国东北春玉米作物对各营养成分的吸收量，见图 2-3）。

报告编号
12-201-5422

第一页

内布拉斯加州，奥马哈市，B街13611号68144-3693-（402）334-9121 网址：www.midwestlabs.com

送检人及其地址

实验室编号：10058208
类型：粪便分析
样本取自：生猪

编号：21565

报告日期：2012年7月19日

参数	分析测量值	成分含量（磅/加仑）	预计第一年可供含量（磅/1000加仑）
氨态氮（N）	0.56%	47.1	47
有机氮（N）	0.28%	23.9	8
总氮量（N）	0.84%	71	55
磷（P_2O_5）	0.32%	27.5	19
钾（K_2O）	0.36%	30.3	27
硫（S）	0.08%	6.8	3
钙（Ca）	0.11%	9.6	7
镁（Mg）	0.07%	5.8	4
钠（Na）	0.11%	9.3	7
铜（Cu）	42ppm(百万分之)	0.35	0.25
铁（Fe）	110ppm	0.93	0.65
锰（Mn）	22ppm	0.19	0.13
锌（Zn）	102ppm	0.86	0.6
湿度	95.30%		
固体物总量	4.70%	397.2	
总含盐量		102.1	
酸碱值	8.0		

第一年的含氮量是未种植作物前的含氮量。未考虑前几年遗留的氮含量。
粪便的总含盐量不应超过500磅/英亩。如果年降水量少于25英寸，并且/或土壤阳离子交换量（CEC）少于12毫当量/100克，粪便的总含盐量应当低于500磅/英亩。同时应该考虑来自其他化学肥料的盐份。应该每年对土壤进行监测，监测磷的含量、有机物、酸碱度或是微量营养素。对春季土壤进行监测，根据土壤中含有的硝酸盐-然后给出准确的侧施肥推荐量！氮素有效性会随着施肥方法与实际操作情况有所变动。施肥管理方案中所使用的氮的可用值必须遵守本州的规定。州与州之间的这些规定是不同的。
本检验报告中所给出的数据仅仅基于提交的粪便样本进行分析所得出的数据。为获取实用的检验参数，中西部实验室严格遵守国家环境实验室认可协会的要求。
我们的报告与信函仅供客户专用，不会全部或部分复制，或是在没有提前获得书面许可的情况下，用于任何广告宣传、新闻发布或是其他公共宣传的报告中。

图2-2　一家私有检测机构给出的猪粪样本检测报告

猪粪取样用于养分检测

准确地检验猪粪中各种营养成分对于准确地计算作物的施肥量至关重要，只有做好这一工作，才能保证作物生长得到足够的养分，同时又不因排放造成环境污染。为准确测量养分含量，必须有一份您打算用于还田使用的粪肥具有代表性的样本，而这绝非易事。一般来讲，磷主要集中在粪浆的有机固体中，通常沉淀在储粪池的底部，而大量的氮与钾则一般溶于液体部分，浮在固体沉降物的上面。

一般可通过两种方式获得具代表性猪粪样本的方式：（1）搅动粪浆，使固液均匀混合；（2）在不同层面与储粪池的不同地方都进行采样，然后将各样本混合在一起，装于桶中。由于取得具有代表性的样本极其重要，很多农民同时采用这两种采样方法。

一般建议在取样前至少2~4小时搅匀粪浆，此处所指粪浆一般来自猪舍下面的深坑（水泡粪坑）。搅粪是很危险的，搅粪过程中会释放粪浆中的有毒气体（如硫化氢与甲烷气体）。因此搅粪前需要作好机械通风准备，用于疏散搅粪过程中释放的有毒气体，从而保证生猪与工作人员的人身安全。为安全起见，建议工人在搅粪时携带便携式多气体检测仪。

即使搅匀后采样，也建议从储粪池的不同区域与不同深度取样，然后将样本混合在一起，从而取得更具有代表性的粪样。目前已经研发了几种工具，便于从储粪池深处取样。剖面取样，取样时插入储粪池底部，封盖，取出，这样得到的样本代表储粪池不同深处的粪浆，然后混于一个桶中。该方法的优势在于可随时取样，便于获得粪浆各养分均值。因为大量的固体与营养物质会在几个月内沉淀。应该采用商用或定制化的采样器采集剖面样本。

即使通过上述两种方法获得具有代表性的样本，养殖户通常还是把同一储粪池的几个样本同时送去检验。一般的做法是，检验报告中会取平均值，但如果某一样本检验结果偏差过大，表明该样本的采集方式可能存在问题。

猪粪采样十分复杂，本手册中恕不能进行详细分析。想了解更多的猪粪采样的安全知识，可以查看下面两个网址。

https://www.canr.msu.edu/news/safety_precautions_for_agitating_and_pumping_manure。

https://porkcheckoff.org/news/5-tips-for-staying-safe-while-handling-manure/。

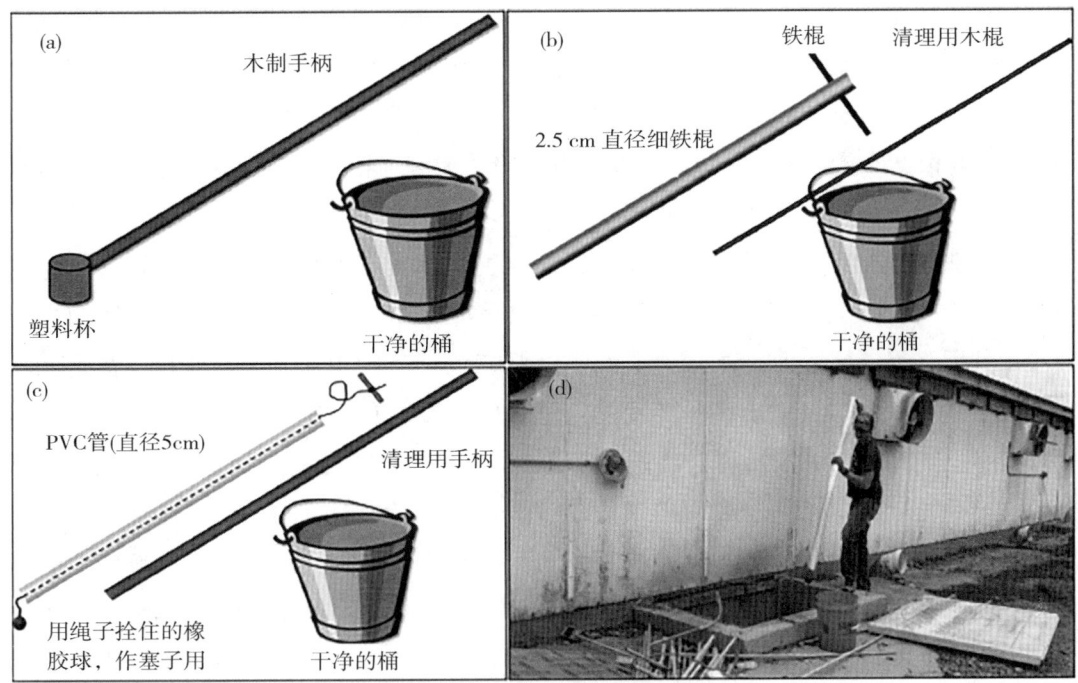

猪粪取样建议工具示意图

（a）取液态样本建议工具；（b）取固态样本建议工具；（c）取浆状样本建议工具；（d）猪粪深坑取样示意图（仅做示意用，实际取样请携带气体检测仪）。资料来源：图（a）~（c）来自 NC State Extension；图（d）来源于 University of Minnesota Extension.

二、东北春玉米养分需求

东北春玉米不同产量水平下的氮、磷、钾吸收规律见表 2-1。

表 2-1　不同产量水平下春玉米氮、磷、钾的吸收量

产量水平（kg/hm²）	养分吸收量（kg/hm²）		
	N	P₂O₅	K₂O
7 500	165	53	143
7 500~9 750	195	60	188
9 750	225	68	218

图 2-3　由张福锁等著，中国农业大学出版社出版的《中国主要作物施肥指南》列出了玉米生长过程中对氮、磷、钾的吸收量，如下：

利用该书所列营养成分吸收表，可以填写附表 2-1 的第 10 行（与第 20 和第 23 行）。根据本书的研究发现，玉米产量为 7.5 吨 / 公顷的耕地，每年需要 165 千克氮，53 公斤的磷，及 143 千克的钾。将这些数值分别填入附表 2-1 的第 10、第 20 及第 23 行。在本例中，作物对氮、磷、钾等养分的吸收量是以千克 / 公顷的形式给出的，正好与表 2-1 所要求的单位一致。另外本书还列出玉米产量在 9.5 吨 / 公顷的土地对氮、

磷、钾的吸收量。很多情况下，作物的产量是以"千克/公顷"的形式给出的，或是给出一个产量范围（如图2-3所示，同样给出一个范围），这时候就需要根据产量的变化推算出对氮、磷、钾的吸收量，然后再以"千克/公顷"的形式列出。附表2-1中的第9行就需要根据产量（千克）填写对氮的需求量。但因为相关信息已经给出，此处无须填写。

在猪粪的存储，特别是施肥过程中，总会因为挥发原因造成氨态氮的流失（氨转化为氨气）。但是，氨态氮是一种非常有价值的养分，如同氮一样，作物几乎可以直接吸收与利用。氨的挥发会随着土壤与猪粪的酸碱度及有利的挥发条件而加剧，如遇到高温与风大的天气，或是采用利于挥发的施肥方式。30年前，美国农民大多采用某种表面直接撒播的方式施肥，如使用粪肥撒播机，即在拖拉机耕过之后，接着撒上猪粪，当时并没有考虑土壤是否会全部吸收粪肥的养分。在所有的施肥方法中，撒播是保持氨态氮最低效的方式，特别是如果猪粪中有很多液体时，很容易挥发，这在30年前十分寻常。图2-4截取自中西部规划服务组（MWPS）发行的《畜禽废弃物设施手册》的一个图表，表中列出了几种施肥方式造成的不同程度的养分流失。从中可以看出以撒播的方式施肥不仅会造成液态氨的挥发，还最容易产生臭气，因此不应采取这种方式施肥。因为认识到氨态氮的价值，以及防止氨氮流失及污染附近水系的需求，或是氨的颗粒物悬浮在空气中，造成空气污染，或是仅仅为了减少施肥时的臭气，如今在美国，几乎所有的农民都是撒上粪肥之后，随即进行浅耕，或是采用现代的施肥机（主要用于粪浆的施肥，见图2-4）以注入式的方式施肥。如施肥方式恰当的话，现代化的施肥机可以将氨氮损失降至接近0，而且施肥后几乎不会释放任何气味。在所举的例子中，假定农民使用表施后浅耕的施肥方式，最多造成5%氨氮的流失，将此数值填入第11行。

但是，作物生长所需要的养分来源，既可从所施猪粪中汲取，也可从土壤中的残留养分中获取。所以，在提供作物生长所需要的养分时，需要考虑土壤里已有的养分（即上一年没有被作物用掉而保留至当年的养分）。第12行需要填入氮的此类信息：氮残留或每公顷土地含有多少千克的有效氮。遗憾的是，如果不对土壤进行检测，便无法准确得到该数据。此示例中，在第12行填入0，即作物种植前，假定土壤中不含有任何氮。现实中，种植作物前，通常土壤里多少都会含有一部分氮，如果不检测，而假定含氮量为0的话，会施肥过量，造成氮的浪费，并有可能因此而污染附近的水系。在第13行，计算需要添加多少氮从而满足作物生长时，用第10行即作物需求的总氮量减去第12行里的氮残留量。

施肥方法	粪肥状态	氮的流失量
撒播	固态	15%～30%
	液态	10%～25%
表施后浅耕	固态	1%～5%
	液态	1%～5%
深耕	液态	0%～2%
滴灌	液态	15%～40%

图 2-4　施肥过程中预估的氮损失（截取自中西部规划服务组《畜禽废弃物设施手册》）

再次强调，想要确切知道土壤里可供作物所利用的氮量，唯一途径是土壤检测。知道一个准确的数值，对于计算需要施用多少氮至关重要。若无从获知确切量，就会有施氮过量或不足的风险。因为土壤里或多或少都含有一部分氮，而假定过往含氮量为0，就会有施氮过量的风险。可见，在所有例子中，猪粪中含有有机物，而这些有机物会在明年、后年及未来的时间继续矿化。所以如果猪粪是去年施入耕地的，一些有机氮经过一段时间的分解，会转换成作物可吸收的氮，这个过程即"矿化"，这一概念将在下一段落解释（本手册中的示例7阐述这个问题）。

附表2-1 第14～15行，关于有机氮的注意事项

作物生长吸收的氮并不完全来自施放的氨肥或是土壤中所含的氨，有一些来自猪粪中的有机氮。这些有机氮会矿化为无机氮，而这些无机氮会在整个生长季供作物吸收利用。要估算猪粪中含有多少有机物质可供植物利用，我们需要利用矿化因数（第14行）。矿化是一个生物与酶催化系列过程，通过矿化，有机物经过一段时间的分解，锁在有机分子里面的氮会"矿化"为无机形态（矿物质形态）的铵态氮。锁在有机分子里的铵态氮不能直接被作物的根部吸收，但矿化形态的氮可以溶于水中，被作物吸收利用。矿化的程度取决于很多因素，包括温度、湿度，土壤中或是猪粪中的含氧量。后者受猪粪的存储与施肥方式的影响。

图 2-5 为漏缝地板的猪舍

如上面提及的挥发率估值一样，美国很多养殖户会采用中西部规划服务组（MWPS）《畜禽废弃物设施手册》中的矿化估值。手册中包含图 2-6 中的图表，提供了与各种存储方式相对应的氮矿化因数的估值。美国很多生猪养殖户利用猪舍的漏缝地板下面的储粪坑来存放一年的猪粪（这种猪舍图片如图 2-5 所示）。在中国，越来越多的生猪养殖户开始采用这种封闭的厌氧式储粪坑。基于这个原因，采用厌氧液体存储模式下的氮矿化估值（图 2-6），即 0.35，填入第 14 行。用矿化因数乘以猪粪中的有机氮，便可以得出有多少氮可从猪粪中的有机物经转化供作物吸收利用，将此估值填入第 15 行（0.35 × 2.8 千克 = 0.98 千克）。

粪例类别	粪肥储存方式	矿化因数
生猪	新鲜猪粪	0.50
	厌氧液体	0.35
	好氧液体	0.30
肉牛	无垫料的粪肥	0.35
	有垫料的粪肥	0.25
	厌氧液体	0.30
	好氧液体	0.25
奶牛	无垫料的粪肥	0.35
	有垫料的粪肥	0.25
	厌氧液体	0.30
	好氧液体	0.25
绵羊	固体粪肥	0.25
家禽	深坑	0.60
	固体（有垫料）	0.60
	固体（无垫料）	0.60
马	有垫料的固体粪肥	0.20

图 2-6 表 10-5《畜禽废弃物设施手册》中不同畜种及储存方式的矿化因数

在作物的种植季节到来之前不可能给出精确的矿化因数,因为矿化的过程取决于很多因素,而这些因素都是不可能准确预测的,特别是天气因素。但可以肯定猪粪中的有机质中有十分可观的氮物质,这些氮物质经矿化来年可继续供作物吸收利用。长期对土壤进行监测,可以判断农民是否施氮过量还是不足。若确实证实施氮过量/不足,部分原因可能是因为对矿化因子估值过低或过高(但也可能是因为对作物对养分的吸收量估值偏低或偏高)。

附表2-1 第16~18行,有效氮、施用量,需要的土地面积

估算了施肥以后氨因挥发而造成的损失量,以及通过矿化,粪肥中的有机物分解产生的氨态氮,我们便可以计算猪粪中共有多少氮可供作物在整个生长季吸收利用。计算过程简单明了:猪粪中的氨态氮含量(第3行)乘以(1-氨挥发率)(或1减去第11行的数值等于0.95),然后加上第15行,即有机物矿化后的氮。在本例中,即(1-0.05)*5.6 + 0.98 = 6.3,然后填入第16行,即第一年总有效氮,单位为每吨粪肥中有多少公斤氮。

使用氮限量方法,要计算每公顷土地要施用多少吨猪粪,只需要用每公顷玉米地对氮的需求量(第13行)除以每吨猪粪中的有效氮(第16行)即可。在本例中,即165/6.3 = 26.2,每公顷玉米地应施用26.2吨,实现氮的零排放,氮的总量满足了每公顷产出7.5吨玉米对氮的需求。

最后,为便于规划,可能想知道在此施用量下,1000个猪栏位需要多少公顷的土地,这个数据对于制定综合养分管理计划至关重要。为此,可用总的粪尿产量(第1行)除以每公顷的施用量(第17行),即1588/26.2 = 60.6公顷,也就是909亩(1公顷=15亩)。在中国,每个农户的平均耕地面积大约是10亩,按上述施用量的话,意味着1000个猪栏位的猪场,需要90家农户的土地。或相当于中国一个典型村庄约四分之一的农户(但中国东北农村情况有所不同,这里一年种一季玉米,家庭耕地占有面积远高于中国其他农村。)

附表2-1 第19~26行,磷与钾的施用量及土壤中氮的余量

到目前为止,相关各方一直都在专注于氮的需求与供给。这是因为氮不仅是对作物的生长最为重要的养分,而且氮比较复杂并具有化学形态多变性,因此更有可能进入附近水系。因为氨态氮易溶于水,可以在土壤中随着水流动,即可以形成地面径流,也可以渗入地下水。因为这个原因,不要过量使用氨态氮,因为过量的矿化氮容易造成水源污染。

畜禽粪肥中另外两个主要养分磷与钾对作物而言不像氮那么重要,而且磷易与土壤

中的有机物质结合，因此不像氨态氮易移动变化，淡水中的钾也不会促成藻类与其他有机物的生长。但是其施用量应该与作物需求量相匹配，这样不至于在土壤中积累过多。如果土壤中已经积累过多，那么应该减少施用量，将其降至可以接受的含量。

在附表 2-1 给出的例子中，为满足作物对氮的需求，每公顷需要施用 26.2 立方米的粪浆（第 17 行），而每立方米粪浆中含有 3.2 千克磷，26.2 立方米粪浆包含 83.8 千克磷，这意味着每公顷施用了 83.8 千克的磷。但是，按照图 2-3 的表格，7.5 吨/公顷的玉米单产仅需 53 千克磷，因此多出 30.8 千克磷留在土壤中，待作物明年吸收利用（第 21 行）。多出的 30.8 千克磷在短期内不会造成严重后果，但如果土壤中本来已经就有大量的磷的话，那两者叠加就会产生很多问题。土壤中磷的含量过高，可能会影响作物对氮和其他微量元素的吸收，阻碍作物生长。同时，多余的磷有可能会被排放到淡水系统，对环境产生不利影响。下面的示例 2 将讲述磷限量施肥法。

按照上面同样的方法对钾的施用量进行相关计算，发现满足作物对氮的吸收量时，每公顷钾的施用量为 94.3 千克（第 22 行），而这一数值低于图 2-3 中给出的作物对钾的需求量，即 143 千克（第 23 行），这就造成 47.8 千克的缺口。这一问题可通过土壤中本来已有的钾（土壤中钾的含量只能通过检验土壤来测算）或是额外使用一些钾肥来解决。

最后，土壤里的很多有机氮在第一年并不能被作物吸引利用。根据我们在第 14 行的估算，第一年仅有 35% 的有机氮会矿物化。这部分可矿化的有机氮与土壤结合会在之后的时间里继续矿化（0.98 千克/吨有机氮 × 26.2 吨/公顷施肥量 = 25.7 千克）。大约 50% 的有机氮会在接下来的一年里矿化，而所余下的 50% 则会在第三年慢慢矿物化。为方便计算，将土壤里剩余有机氮的 50%（25.7/2 = 12.9）计入第二年的土壤里氮残留量，而剩余 50% 的一半则计入第三年土壤的氮残留量（12.9/2 = 6.4）。如前面所述，有很多因素影响矿化，想要给出绝对精确的数据是不现实的，但应该知道猪粪中有很多有机物会矿物化，然后供作物吸收利用。不过，要取得土地中含氮量的精确数据，土壤检测是唯一的手段。但与猪粪检测不同，多数农民并不是每年都对土壤进行检测，一般都是每隔 3~5 年检测一次，所以这些估值仅在报告中使用，土壤中真实的含氮量还是要靠土壤检验。第 25 行的氮的估值 12.8 千克/公顷可以填入第 12 行，便于计算来年猪粪施用量（将在例 7 中进行详解）。

示例 2 磷限量施肥法的预估粪肥施用量

此例基于以下假设情况：

1）1000 猪栏位养殖规模的猪场。

2）将猪粪施于每公顷潜在产量为 7.5 吨的玉米地。

3）表施后浅耕，将肥料与土壤混合（氨氮挥发率控制在 5%）。

4）将猪粪以厌氧液体或浆体的形式存储、运输与施用（矿化率为 35%）。

5）施肥量受土壤中的高含磷率限制。

估算数值在附录中的附表 2-2 中。

示例 1 中通过将作物对氮的吸收量与猪粪中的含氮量作匹配来决定猪粪的施用量。这种计算猪粪使用量的方法叫"氮限量法"，因为它是根据氮的需求与供给来决定施用量。但是，根据这种方法测算猪粪施用量时，磷的施用量就会超标，上面的示例 1 中就出现了这种情况。尽管磷一般会与土壤中的有机物质结合，因此不会渗入地下水或是流入附近淡水系统，但很多时候，因土壤中磷物质含量太高，农民不应再施磷肥。过量的磷会流入附近淡水系统，特别是流入易冲蚀土壤，造成土壤流失。虽然一般情况下磷有助于作物生长，但施磷过量可能会妨碍作物吸收其他养分，从而造成减产。

在这种情况下，农民或许就不应根据植物对氮的需求量来确定猪粪的施用量了，因为这样容易造成施磷过量。取而代之，农民应优先选择"磷限量法"施肥，即根据作物对磷的需求量决定粪肥施用量，而不是根据作物对氮的需求量。因为"氮限量法"造成施磷过量，所以农民选择用"磷限量法"，但采用这种方法，每公顷的可施肥量会减少，从而造成作物对氮的需求得不到满足。幸运的是，因为氮的化学形态比较灵活，可在作物最需要氮的时候以矿化形态将氮用于作物生长。对于玉米而言，就是玉米出苗后 3~5 周内。因为这个原因，若采用"磷限量法"施肥时，需要额外施加氮肥。随着作物不断生长，在其对氮的需求量达到顶峰时，通过额外施加氮肥，可以满足作物对氮的需求。

附表 2-2 提供了如何使用磷限量法计算猪粪施用量的方法，仍使用了示例 1 中提供的猪粪养分供给数值与作物养分需求量数值，同时沿用了相同的挥发量与矿化因数。附表 2-2 中的前 16 行与附表 2-1 完全一致：包括了粪便的养分含量，作物对氮的需求量，及经过存储与施肥之后，有效氮的含量。

附表 2-2 第 17~20 行，磷限量法施肥量与需要施肥的土地面积

但从第 17 行开始，不再像附表 2-1 那样，根据氮的供给与需求来确定施肥量，将评估磷的需求量。和氮一样，表中有两行需要填写，根据单位面积的作物产量确定磷的需求量（第 17 行），另一行填写每公顷土地对磷的需求量（第 18 行）。在有些情况下，磷（与氮和钾）的需求量是根据作物产量测算的，即作物每千克单产需要多少千克磷，采用这种方法的农民，需要填写第 17 行，然后根据第 8 行提供的作物产量测算对磷的需求量。但是，在另外一些情况下，如本示例中，根据玉米的预估产量为每公顷 7.5 吨（即每公顷 7500 千克），直接计算出每公顷磷的需求量，所以不必填写第 17 行，将图

2-3 中对磷的需求量 53 千克/公顷填入第 18 行（该数值在附表 2-1 中的第 20 行）。

接下来计算第 19 行需要填写的磷限量法施肥量，用每公顷作物对磷的需求量（第 18 行）除以每吨猪粪中磷的含量（第 5 行），算出需要施用多少吨猪粪肥。在本例中，53/3.2 = 16.6。每公顷施用 16.6 吨猪粪肥可以充分满足作物对磷的需求，并且没有多余的磷留在土壤中。将此数值填写入第 19 行。因磷元素具有相对化学稳定性，对磷而言，不必计算多少磷没有被作物吸收，或是有多少在施肥过程损失。无须像氮那样计算有多少磷在作物成长时期，又变成作物可吸收的磷。实验室通过检测得出的猪粪中的磷的含量，可认为约等于施肥后作物可以吸收利用的量。

需要注意的是，既然采用磷限量法施肥，那么每公顷 16.6 吨的猪粪肥使用量就会大大低于示例 1 中采用固氮法算出的每公顷 26.2 吨猪粪施用量。这是因为，使用氮限量法施肥，磷的使用已经过量，因此为了使磷的供给量与作物需求匹配，就会减少猪粪施用量。而在猪粪供给量已经确定的情况下，如减少每公顷施用量，就可以把猪粪用于更多耕地。在第 20 行中，用总的猪粪产量 1588 吨除以每公顷猪粪使用量 16.6 吨，可以算出需要 95.7 公顷土地。这个数值高于示例 1 中使用氮限量法施肥的需要 60.6 公顷土地（附表 2-1 第 18 行）。

附表 2-2 第 21 ~ 28 行，氮与钾的施用量及土壤中氮的余量

因此采用磷限量法施肥显然会造成氮的供给量不能满足作物对氮的需求量。第 21 行是在按照固磷法施肥后，即每公顷施用 16.6 吨猪粪后，每公顷土地氮的供给量。其算法是，（按固磷法，每公顷施粪肥 16.6 吨）16.6 吨乘以每吨猪粪肥的含氮量（6.3 千克，第 16 行），可以算出按此施肥量每公顷耕地供氮 104.3 千克。因为同氮限量法相比，按照磷限量法，每公顷使用猪粪减少了，所以耕地中氮出现短缺，短缺量可以通过第 22 行中氮的供给量减去氮的总需求量（第 13 行）算出。在本例中，估值为 104.3-165 = -60.7，然后填入第 23 行。保留上面的负号，以表明氮肥供给不足。

相似地，第 23 ~ 25 行也可以这么计算，从而得出钾的相关数据。在图 3 中可以得出作物对钾的需求量，即每公顷 143 千克（基于预估作物产量为 7.5 吨/公顷）。接着，计算在每公顷施用 16.6 吨猪粪时，土壤里面包含了多少钾，即 3.6 千克钾（每吨猪粪肥中钾的含量，第 6 行）× 使用的猪粪吨数（16.6 吨），即可算出每公顷耕地实际供给了 59.6 千克钾，填入第 24 行，可以看出钾的供给出现短缺，59.6-143 = -83.4 千克。这一问题可通过借用土壤中本来已有的钾或是额外使用一些钾肥来补偿，或是结合两种方式解决短缺问题。

如附表 2-1 中的示例 1 一样，最后两行计算在随后两年里有多少有机氮可以转化为作物可吸收的氮。因为与示例 1 相比，猪粪施用量发生变化，此处也就作相应变动。

每吨猪粪中的 2.8 千克有机氮中，只有 35% 的氮在可被矿物化，因为施肥量为 16.6 吨 / 公顷，经施肥后在耕地中可被矿化的全部有机氮为（16.6x0.35x2.8 = 16.3）16.3 千克，我们可以预计这些有机氮 50%（或是 8.2 千克）会在第二年矿物化，而剩余有机氮的 50%（4.1 千克）会在后年矿化，供作物吸收利用。这些估算值可以填入附表 2-2 的第 26 与第 27 行（如果第二年使用猪粪，将第 26 行的数值填入第 12 行，作为土壤中残留氮，同手册中示例 7 一样）。

示例 3　氮限量施肥法，冬小麦 / 夏玉米轮作耕地的猪粪施用量

此例基于以下假设情况：

1）猪粪来自具有 1000 猪栏位养殖规模的猪场

2）将猪粪施于冬小麦 / 夏玉米轮作耕地，两种作物每公顷潜在产量均为 6 吨 / 公顷

3）表施后浅耕，使肥料与土壤混合（氨氮挥发率控制在 5%）

4）将猪粪以厌氧液体或浆体的形式存储、运输与施用（氮矿化率为 35%）

5）假定土壤中的含氮量为 0

估值可在附表 2-3 查看

上面的示例 1 与示例 2 主要针对中国东北的生猪养殖用户，在东北主要的粮食作物就是单季玉米。但是在华北平原，在收获冬小麦之后，农民普遍种植玉米，所以农民施肥时需要同时考虑冬小麦与玉米（生长期比较短）两种作物对养分的需求。再接下来的示例 3 与示例 4，将举例说明利用氮限量法与磷限量法给冬小麦与夏玉米轮作施肥时，如何计算猪粪施用量，因为这种轮作方式在华北平原十分普遍。

附表 2-3 第 7～18 行，作物说明，氮需求量及需要的土地面积

因为猪粪尿产量与养分检测结果不变，第 1～6 行保持不变。但是作物对养分的需求因为作物轮作方式发生转变而发生变化。冬小麦与夏玉米的轮作方式在中国十分常见（实际上，整个华北平原几乎都采用这种轮作方式）。《中国主要作物施肥指南》（张福锁，2009）一书不仅给出了例 1 与例 2 中东北主要农作物的各养分吸收量，同时也给出了冬小麦与夏玉米的轮作对各养分的吸收量（图 2-7）。因为华北平原玉米的产量一般比中国东北的玉米产量低，假定玉米产量为 6 吨 / 公顷，同时假定冬小麦的产量也是 6 吨 / 公顷。张福锁的《中国主要作物施肥指南》中也提供了此产量下作物对养分的需求量。

有了上面的种植方式与假设预估产量，以及图 2-7 所提供的作物对不同养分的吸收量，我们可以填完附表 2-3 中的其他行。第 7 行填小麦 / 玉米，第 8 行填入 6，表明

假定小麦与玉米的产量都是 6 吨/公顷。基于之前的示例 1（附表 2-1），因为已经针对作物的假定产量，给出了作物对各种养分的吸收量，不必填写第 9 行。在第 10 行，填入假定小麦产量 6 吨/公顷时对氮的吸收量，即 166 千克，以及假定玉米产量为 6 吨/公顷时对氮的吸收量即 134 千克，即每公顷对氮的总需求量为 300 千克，将这些数据填入第 10 行。

二、养分需求

（一）冬小麦养分吸收规律（表 2-11）

表 2-11　不同产量水平下冬小麦氮、磷、钾的吸收量（千克/公顷）

产量水平	养分吸收量		
	N	P_2O_5	K_2O
4500	125	48	122
6000	166	64	162
7500	207	80	202
9000	265	95	255

（二）夏玉米养分吸收规律（表 2-12）

表 2-12　不同产品水平下夏玉米氮、磷、钾的吸收量（千克/公顷）

产量水平	养分吸收量		
	N	P_2O_5	K_2O
6000	134	41	117
7500	161	59	150
9000	188	77	183
10500	220	85	215

图 2-7　在中国冬小麦与夏玉米轮作的养分吸收量，（张福锁，2009）。

可以利用同样的方法计算附表 2-3 中第 20 行与第 23 行对磷与钾的需求量。根据图 2-7 可以看出，产量为 6 吨/公顷的小麦对磷的吸收量为 64 千克，而产量为 6 吨/公顷的玉米对磷的吸收量为 41 千克，两者相加可以算出，每公顷对磷的总需求量为 105 千克，将此数值填入第 20 行。同样，产量为 6 吨/公顷的冬小麦对钾的吸收量为 162 千克，产量为 6 吨/公顷的玉米对钾的吸收量为 117 千克，两者相加可以算出每公顷对钾的总需求量为 279 千克，将此数值填入第 23 行。

在附表 2-3 中，假定在施肥过程中，因挥发而造成的氨的损失与前面保持一致，同样假定造成猪粪中有机氮矿物化的条件也保持不变。因此第 11 行仍为 5%，而第 14 行为 35%（会在后面的表格中给出这两个假定条件发生变化时的例子）。同样，假定土壤中的含氮量为 0，所以第 12 行填仍为 0，但是如果在上一年已经使用过猪粪施肥，那么猪粪中的有机氮部分会发生矿物化，转化为可供作物吸收利用的氮遗留在土壤中，如该表中（其他示例中也有体现）的最后两行所示。

有了上面的信息，可以完成附表 2-3 中的其余信息。第 15 行就是第 4 行中的有机氮估值乘以第 14 行中的矿化因数，可计算出矿化后可被作物吸收的氮为 0.98 千克（与上面示例 1 与示例 2 相同）。总有效氮，即第三行中的氨态氮，减去因挥发所损失的 5% + 0.98 千克矿物化转来的氮，结果为 6.3 千克/吨。

因为小麦与玉米轮作时对各养分的需求远高于之前的例子，猪粪施用量也应该有显著增加。在 17 行用每公顷作物对氮的吸收量 300 千克（第 13 行）除以每吨猪粪的氮供应量 6.3 千克（第 16 行），可以算出施用量，在本例中猪粪使用量为 47.6 吨/公顷。这远高于示例 1 中单季玉米使用固氮法施肥的施用量 26.2 吨/公顷。因为每公顷土地需要施用更多的粪肥，这样 1588 吨的猪粪仅需要 33.4 公顷土地，远低于示例 1 中种植一季玉米时使用固氮施肥法所需的 60.6 公顷土地。33.4 公顷仅代表着 500 亩地，也就是华北平原大约 50 户农民的耕地面积。

因为基于氮限量法，每公顷耕地的猪粪肥施用量为 47.6 吨，可以根据这个数值算出按这个施用量，磷与钾的供给量是否超量或短缺。第 19 行中，将每吨猪粪中磷的含有量 3.2 千克（第 5 行）乘以每公顷耕地的猪粪施用量 47.6 吨（第 17 行），算出每公顷土地的磷的施用量为 152.4 千克。这一数值远高于图 2-7 中单季玉米对磷的吸收量 105 千克/公顷，因此造成磷过量 47.4 千克/公顷。

再次强调，考虑到土壤类型，施肥前土壤中已有的磷，还有其他因素，土壤中磷过剩并不一定会出现问题。但是，如果年复一年，继续按这个比例施肥，必将造成严重后果，因为土壤中磷过剩的话，会影响作物产量，还会致使磷排放到附近的淡水体系，会造成严重的环境污染。在接下来的例子里（示例 4），将会针对土壤中磷过剩的问题，提供一个磷限量施肥法用于估算冬小麦/夏玉米作物轮作时所需的施肥量。

但这种固氮施肥法，会造成钾的供给量与作物的吸收量相比出现短缺。钾的供给量为 171.4 千克/公顷，即每吨猪粪中钾的含量乘以每公顷土地的猪粪施用量（第 17 行）。但是按照图 2-7 中列出的数值，单产 6 吨冬小麦和单产夏玉米对于钾的需求为 279 千克。因此按照固氮法的施肥量，钾将会出现 107.3 千克的缺口。这种缺口可通过土壤中本来存有的钾（土壤中钾的含量只能通过检验土壤来测算）或是额外施用钾肥来解决。

示例 4　磷限量施肥法，冬小麦/夏玉米轮作预估猪粪肥施用量

此例基于以下假设情况：

1) 1000 猪栏位养殖规模的猪场

2）将猪粪施于冬小麦/夏玉米轮作耕地，两种作物每公顷潜在产量均为 6 吨/公顷

3）表施后浅耕，使肥料与土壤混合（氨氮挥发率控制在 5%）

4）将猪粪以厌氧液体或浆体的形式存储、运输与施用（氮矿化率为 35%）

5）假定土壤中的含氮量为 0

估算值可在附表 2-4 查看

在此例中，先回顾一下示例 3 中猪粪中各养分的含量与作物对各养分的吸收量，然后使用磷限量法确定猪粪施用量。如前面所述，如示例 3 中使用氮限量法施肥，会造成土壤中的磷显著超标。这种情况如果任由发展，土壤中的磷累积到一定程度就可能会造成作物减产，给环境带来负面影响。因此，在这种情况下，农民不选择氮限量施肥法，而是选择磷限量施肥法。如示例 2 所示，因为氮限量施肥法造成土壤中累积了大量的磷，而磷限量法则会造成氮缺乏，因此需要耕地本身就有一定量的氮，或是需要额外施加氮肥，以保证作物实现高产。

因为猪粪中各养分的含量不变，作物对各养分的吸收量不变，氨氮因挥发造成的流失量不变，矿化因数也不变，所以该表中除了猪粪使用量以外，几乎所有信息都没变。在磷限量施肥法中，需要根据作物对磷的吸收量与猪粪中磷的含量来确定猪粪使用量。所以，1～16 行，与之前的示例一样保持不变。但在第 17 行，不同于根据作物对氮的需求量（第 16 行）来确定粪肥施用量，将第 17 行与第 18 行相加，然后根据图 2-7 的相关数据，在第 18 行填写产量为 6 吨/公顷小麦作物对磷的需求量与产量为 6 吨/公顷玉米对磷的需求量（因为已知每公顷耕地需要多少千克磷，所以 17 行要求填写每千克产量需要吸收几千克磷，就不必再填）。冬小麦/夏玉米轮作的种植方式对磷的需求量与示例 3 中一样，即与附表 2-3 第 20 行一样，105 千克。这是通过将图 2-7 中小麦与玉米对磷的吸收量相加而计算出来的（64 + 41 = 105）。

要计算出第 19 行中的猪粪肥施用量，仅需要用每公顷耕地对磷的需求量（第 18 行）除以每吨猪粪中磷的含量（第 5 行）即可，于是得出每公顷需要施用猪粪肥 32.8 吨（105/3.2 = 32.8）。至于第 20 行，可以使用第 1 行中的年猪粪尿产量 1588 吨除以每公顷猪粪的施用量 32.8 吨，得出需要 48.4 公顷的土地。即使用磷限量施肥法，1000 猪栏位猪场可以为 48.4 公顷的冬小麦/夏玉米轮作的土地施肥。

按这个施肥量给作物施肥，每公顷耕地施用了 206.7 千克的氮（第 21 行），这远低于作物对氮的吸收量（300 千克，第 13 行，来自图 2-7 的数据）。但这每公顷 93.3 千克的氮的缺口可以在玉米生长初期对氮的需求达到峰值时通过补充化学氮肥解决。在施肥前，土壤里已有的氮也可以解决部分氮短缺问题，但在本示例中（所举的其他例子也一样），假定施肥前，土壤里的含氮量为 0。每公顷耕地施用猪粪 32.8 吨，也意味着

每公顷将得到118.1千克钾，同样也远低于作物对钾的需求量（279千克/公顷，第22行），所以为达到高产目的，也需要额外补充钾肥。按这个施用量，第二年土壤里的氮残留为16.1千克/公顷，第三年土壤里的氮残留为8.0千克/公顷。

示例5　氮限量施肥法预估粪肥施用量（单季玉米及稀释粪尿）

假设：

1）1000个育肥猪栏位，有额外的水进入粪尿中。

2）将猪粪施于玉米地，每公顷玉米的预估产量均为7.5吨。

3）表施后浅耕，使肥料与土壤混合（氨氮挥发率控制在5%）。

4）将猪粪以厌氧液体或浆体的形式存储、运输与施用（氮矿化率为35%）。

5）假定土壤中的含氮量为0。

预估施用量见附录表2-5

在本手册中的示例1～4中，假定的猪舍一年的粪尿产量/存储量来源于中西部规划服务组出版的《猪粪的特征》一书中的参考值（引文）。该书的表格，包括不同畜种的液态深坑和浅坑的预估粪便产量，即附表2-1至表2-7（见本手册中的图1-1）。图1-1所指的是一个育肥育成猪场，深坑式，每个猪栏位每年约产生3500磅粪肥。在示例1中，我们预估一个1000头猪栏位的育肥育成猪场，每年约产生1588吨粪尿，并在示例1～4中使用该估值。该估值是确定需要多少公顷的土地来施肥的关键。

然而，接下来的示例5将表明，最终决定需要多少公顷土地来施肥的关键是养分浓度，而不仅是粪尿的年产量。在示例5中，假设实际猪粪尿产量是示例1中预估量的两倍，即3176吨。同时，假定粪尿中的养分浓度也较低，将其降低至示例1至示例4中所用浓度的50%。可能会在深坑式（即水泡粪）的猪场看到这种被稀释的猪粪，这也在某种程度上说明了有其他来源的水进入了粪尿储存的深坑。这些水有可能来自雨水，或是用于清洗猪舍和设备用水，或是用于喷淋的雾化水，又或者是猪只喝水时洒出的水。正如上面提到，美国谷物协会北京办事处的一个研究项目在中国各地几个大规模猪场与奶牛场采集了粪样用于检测粪便中的养分水平，检测结果明表明固体与养分浓度与美国的猪场和奶牛场数据或其他美国公开发表的数据相比，都明显要低，且低于本示例中数值。这很可能是由于过多外部来源的水进入粪尿储存设施，这会稀释粪浆，增加其体积，但降低了养分浓度。

附表2-5　第1～6行，年产量和主要养分浓度

在附表2-5中的第1～6行，假定该猪场每年产生了养分浓度较低的更多的粪浆。在第1行中，假定粪尿体积加倍，即粪肥产量为3176吨（2×1588），而不是示例1即

附 1 所示的 1588 吨（或立方米）粪肥。但是，假定这种增加的粪浆体积，是以某种方式进入粪便储存设施的水，因此不会增加粪尿当中的养分浓度。如果额外的水使粪肥体积/产量增加一倍，则养分浓度将大致降低 50%。因此，附表 2-5 中的第 2 行至第 6 行即氮、磷和钾浓度是附表 2-1 至附表 2-4 中氮、磷和钾浓度的 50%。

附表 2-5 第 7~14 行，作物和氮的施用量

附表 2-5 中的第 7~14 行与附表 2-1 和附表 2-2 中的第 7~14 行的数值相同。将猪粪肥施用于玉米，预期年单产量为 7.5 吨/公顷，每公顷玉米地需要 165 千克的氮，才能获得最佳产量。假设氨氮挥发率不超过 5%，并且在施肥之前土壤中没有有效氮（无氮残留），因此作物的氮需求没有改变（第 13 行）。还假设矿化因子为 0.35，这意味着猪粪尿中 35% 的有机氮将在第一年矿化。

附表 2-5 第 15~26 行，施肥量和所需土地面积，以及剩余的氮

因为示例 5 假设猪粪尿中的氮浓度是示例 1~4 中氮浓度的 50%——本示例中的有机氮浓度仅为 1.4 千克/吨，而示例 1~4 中的有机氮浓度为 2.8 千克/吨；本示例中矿化的有机氮在相同的矿化率下也是示例 1~4 中的 50%，即 0.49 千克/公顷，而示例 1~4 中为 0.98 千克/公顷。此外，由于氨态氮的浓度也降低了 50%，因此作物第一年从每吨粪肥中获得的有效氮也是之前示例中（有效氮 6.3 千克/吨）的一半，即 3.15 千克/吨（第 16 行）。假设玉米单产量为 7.5 吨/公顷（第 13 行，与前面的示例相同），将玉米的氮需求除以一吨粪便中的有效氮提供量（降低了 50%，因为该粪尿样本中的养分浓度较低），可得出每公顷的施肥量，但比之前示例中的施肥量大得量大得多（第 17 行）。事实上，它是示例 1 中预估施肥量的两倍，即 52.4 吨/公顷，而示例 1 中的施肥量为 26.2 吨/公顷。这是符合预期的，因为每公顷玉米的养分需求没有变化，但示例 5 中粪肥的氮浓度是示例 1 中的一半，那么本示例中满足作物氮需求的粪尿施用量就是之前示例中施用量的两倍。

然而，施用这些猪粪尿所需的土地面积保持不变（第 18 行）。再次阐明，由于氮浓度下降了 50%，但作物对氮的需求保持不变，粪肥施肥量是此前示例的两倍——这是因为氮浓度是原来的一半，所以必须以两倍的量施用。因此，在第 18 行，我们需要 60.6 公顷的土地来施用这些粪尿，与示例 1 中所需的土地面积相同。

附表 2-5 的其他部分也与附表 2-1 相同。由于猪粪尿施用量是此前的两倍，所以，每公顷耕地施肥后向作物提供的养分水平保持不变。因此，这些施用量将导致磷的过量施用，磷的过施量与示例 1 中相同：30.8 千克/公顷。钾的施用量不足，也与示例 1 一致，缺 48.7 千克/公顷，这就需要来自土壤中残留的钾，或向田间施用额外的钾肥。

粪肥有机氮中矿化的氮也与示例 1 中的相同，但来自两倍的施用量。

讨论

此示例指出了一个重要的问题有待商榷：我国的畜禽养殖户以往在管理畜禽粪便时，被激励处理动物粪便以使其养分浓度降低。他们可能会使用各种城市污水处理设施，额外加入大量的水在粪便储存设施中积聚，因为这会稀释养分浓度并使它们更接近所需的"排放"标准。然而，如果是储存畜禽粪便作肥料使用，然后根据此手册的"零排放"法将粪肥施用于田地，则鼓励减少来自外部的额外的水进入粪肥储存设施。因为这些多余的水对养分浓度没有贡献，只会使粪浆体积变大，重量变得更重，难以搅拌、运输和施用于田间，这会增加施肥成本。

示例 6　氮限量施肥法预估粪肥施用量（高挥发率）

假设：

1）1000 个猪栏位的育成猪场。

2）将猪粪施于玉米地，每公顷玉米的预估产量均为 7.5 吨。

3）表面施肥后，没有浅耕（挥发率 25%）。

4）将猪粪以厌氧液体或浆体的形式存储、运输与施用（氮矿化率为 35%）。

5）假定土壤中的氮含量为零。

预估施用量参见附表 2-6。

示例 1 ~ 5 中采用的氨态氮挥发率的估算值（5%）是基于表施后 24 小时内将粪肥与土壤结合（即将其浅耕到土壤中）。然而，浅耕通常是一个机械化的过程，在中国可能无法在表施后的 24 小时内实现浅耕。在中国，粪肥，尤其是粪浆，有时并不是采取浅耕，而是漫灌的施肥方式。虽然没有适用于漫灌施用粪浆时氨态氮的损失预估值，但可以假设漫灌施肥时的氨态氮挥发率可能与表施后没有浅耕一样高，甚至高于表施之后无浅耕。因此，假设此示例的挥发率为 25%（第 11 行）。

这会改变每吨粪便中有效氮的预估值，从而改变施用量的计算。附表 2-6 中的第 1 ~ 10 行与附表 2-1 中的 1 ~ 10 行相同，但如上所示，第 11 行的氨态氮的损失率为 25%，高于附表 2-1 中的 5%。矿化因子保持不变，但在第 16 行，由于施肥过程中粪便中氨态氮的大量挥发，第一年的总有效氮从 6.3 千克/吨下降到 5.2 千克/吨。这会导致（氮限量施肥法）施用量从附表 2-1 中的 26.2 吨/公顷上升到本示例中的 31.9 吨/公顷。由于粪肥的施用量更高，因此消纳 1588 吨粪浆所需的土地面积减少。所需土地面积从附表 1 中的 60.6 公顷下降到本示例中的 49.9 公顷。

较高的粪肥施用量是由于较低的氮浓度，而正在使用氮限量法施用标准，因此必须施用更多的粪肥以弥补由于较高的铵态氮挥发而导致的有效氮的降低。然而，磷和钾的浓度并不低，因此较高的施用量会增加表 1 中已存在的磷的过施及降低钾的不足。磷施用量从示例 1 中的 83.8 千克/公顷上升到 101.9 千克/公顷，并且由于作物对磷需求量保持在 53 千克/公顷，磷的过剩量从表 1 中的 30.8 千克/公顷增加至本示例中 48.9 千克/公顷。这可能会加快作物生产者采用磷限量施肥法。然而，附表 2-1 中钾的施用量不足，但由于增加了的粪肥施用量，该缺口从附表 2-1 中的 48.7 吨/公顷下降到本示例中的 28.3 吨/公顷。较高的粪肥施用量还会导致第二年的有效氮从示例 1 中的 12.8 千克/公顷上升到本示例的 15.6 千克/公顷，第三年的有效氮从示例 1 中的 6.4 千克/公顷上升至 7.8 千克/公顷。

示例 7　氮限量施肥法预估粪尿施用量（单季玉米，上一年氮残留）

假设：

1）1000 个猪栏位的育成猪场，有其他的水进入粪便设施。

2）将猪粪施于玉米地，每公顷玉米的预估产量均为 7.5 吨。

3）表施后浅耕，使肥料与土壤混合（氨氮挥发率控制在 5%）。

4）将猪粪以厌氧液体或浆体的形式存储、运输与施用（氮矿化率为 35%）。

5）上一年施肥后有机氮经矿化在土壤中残留。

预估施用量参见附表 2-7。

此手册最后一个示例，仍假定玉米预计年单产量为 7.5 吨/公顷，采用氮限量法施肥，但假设氮的残留不是我们前面所有示例中的 0。在该示例中，假设土壤经施肥后氮残留的估值来自示例 1 中描述的有机氮矿化的残留。此有效（矿化后）氮估值来自附表 2-1 中的第 25 行，12.8 千克/公顷。在附表 2-7 中，第 1 ~ 11 行与附表 2-1 相同，即粪肥的养分和作物养分需求都保持不变。

附表 2-7 第 12 ~ 18 行，氮残留、作物额外的氮需求和施用量

在附表 2-7 的第 12 行，输入了附表 2-1 中第二年可用于作物的矿化氮估计值，即 12.8 千克/公顷（附表 2-1，第 25 行）。这只是氮残留的预估值，由于上一年的施肥，这使得上一年种植期未被作物使用的有机氮在土壤中缓慢地转换为速效氮，预计其中约一半会矿化并在下一年可用，假设这是示例 7 的当前年份。

这种氮残留对于作物养分需求没有影响，但由于它经矿化后可被作物吸收，需从作物养分需求中减去它，以估计作物所需的额外的氮的需求量。因此，在第 13 行，输入作物养分需求即 165 千克/公顷，减去土壤中的氮残留 12.8 千克/公顷，得到作物的养分需求，在本示例中为 152.2 千克/公顷（165-12.8 = 152.2）。第 14 行至第 16 行数值与示例 1 中的相同，矿化因子保持不变，为 0.35。并且在该年作物成长期，通过矿化

可获得的有效氮也不变，即 0.98 千克/公顷。因此，每吨粪肥该年可提供的总有效氮也没有改变，仍为 6.3 千克/吨。

然而，第 17 行和第 18 行发生了变化：因为土壤中有氮残留，施用量将降低。在第 17 行，将使用第 13 行即作物该年氮需求减去往年土壤中的氮残留，除以第 16 行即粪肥中该年的有效氮提供量，来估算每公顷的粪肥施用量，得到 24.2 吨/公顷（152.2/6.3 = 24.2）。这低于示例 1 中 26.2 吨/公顷的施用量。第 18 行也发生了变化，因为每单位面积施用较少的粪肥，但要施用的粪肥数量相同。第 1 行的粪便总量为 1588 吨，除以第 17 行的施肥量 24.2 吨/公顷，结果是需要 65.7 公顷的玉米地（预计玉米单产为 7.5 吨/公顷），来消纳该示例中通过"零排放"氮限量法计算的粪肥（第 18 行）。

附表 2-7 第 19 ~ 26 行，磷和钾的施用量和氮残留

除了第 20 行和第 23 行中磷和钾的需求量没有发生变化外，由于施用量发生了变化，第 19 行到第 26 行的数值也相应变化。在第 19 行，磷的施用量从示例 1 中的 83.8 千克/公顷变为 77.3 千克/公顷，但在随后的第 21 行即磷的过施量从示例 1 中的 30.8 千克/公顷减少到示例 7 中的 24.3 千克/公顷。钾的施用量也从示例 1 中的 94.3 千克/公顷下降到本示例中的 87 千克/公顷（第 22 行），这进一步将钾的施肥量不足从示例 1 中的 48.7 千克/公顷扩至 56 千克/公顷（第 24 行）。作物生产者可能希望向作物施用额外的钾肥以优化产量。

由于施用量降低，留在土壤中可经矿化用于随后几年的有机氮也减少了。第 2 年和第 3 年矿化的有机氮估计值别从示例 1（附表 2-1 中的第 25 行和第 26 行）中的 12.8 千克/公顷和 6.4 千克/公顷降低至本示例中的 11.8 和 5.9 千克/公顷（附表 2-7 中的第 25 行和 26 行）。在此示例中，假设上一年我们是以示例 1 中所示的施用量来施肥，需将附表 2-1 的第 25 行即第二年氮残留量录入到此示例（附表 2-7）中的第 12 行。但是，请记住，当您在作下一年度粪肥施用量预估时，土壤中氮残留量应包括该施用量中的第二年的氮残留，即 11.8 千克/公顷（附表 2-7 第 25 行）和示例 1 中第 3 年土壤中氮残留，即 6.4 千克/公顷（附表 2-1，第 26 行）的总和。因此，如果下一年度在同一块田地施肥，第 12 行的往年土壤氮残留量将为 18.2 千克/公顷（11.8 + 6.4 = 18.2）。

附表2-1 预估猪粪肥施用量规划表-氮限量施肥法

1000个猪栏位，液态，表施后浅耕施用于玉米，预计单产7.5吨/公顷（手册中的示例1）

序号	畜禽种类：1000猪栏位（育肥育成猪）		
1	一年内动物粪尿总产量（1单位=1立方米或1吨）		1588
	实验室粪样检测结果（千克/吨）	图2-2	
2	总氮	图2-2	8.4
3	氨态氮	图2-2	5.6
4	有机氮	（L2－L3）	2.8
5	等效磷	图2-2	3.2
6	等效钾	图2-2	3.6
7	需要使用动物粪尿作为肥料的作物		玉米
8	往年单产（吨/公顷）		7.5
9	氮需求，每千克作物所需速效氮的千克数		—
10	作物总需氮量（千克/公顷）（第9行乘以第8行）	图2-3	165
11	施肥中氨态氮挥发量（%）	图2-4	5%
12	土壤中往年氮残留量（千克速效氮/公顷）		0
13	总作物需氮量－往年氮残留量（千克/公顷）	（L10－L12）	165
14	有机氮矿化因素	图2-6	0.35
15	粪样中有机氮×有机氮矿化因素（千克氮/每吨粪尿）	（L4×L14）	0.98
16	第一年作物可利用的速效氮总量（千克/每吨粪尿）	[（100%－L11）×L3]+L15	6.3
17	氮的施用量（吨/公顷）	（L13/L16）	26.2
18	在此施肥量下所需的土地面积（公顷）	（L1/L17）	60.6
19	磷的施用量（千克/公顷）	（L5×L17）	83.8
20	作物对于磷的需求量（千克/公顷）	图2-3	53
21	磷的过施量（+）或不足量（－）（千克/公顷）	（L19－L20）	30.8
22	钾的施用量（千克/公顷）	（L6×L17）	94.3
23	作物对于钾的需求量（千克/公顷）	图2-3	143
24	钾过施量（+）或不足量（－）（千克/公顷）	（L22－L23）	-48.7
25	第二年土壤中氮残留量（千克/公顷）	（L15×L17）/2	12.8
26	第三年土壤中氮残留量（千克/公顷）	L25/2	6.4

附表 2-2 预估粪尿施用量规划表 - 磷限量施肥法

1000 个猪栏位，液态系统，表施和浅耕施用于玉米，预计单产 7.5 吨 / 公顷（手册中的示例 2）

序号	畜禽种类：1000 猪栏位（育肥育成猪）		
1	一年内动物粪尿总产量（1 单位 =1 立方米或 1 吨）		1588
	实验室粪样检测结果（千克 / 吨）	图 2-2	
2	总氮	图 2-2	8.4
3	氨态氮	图 2-2	5.6
4	有机氮	（L2 - L3）	2.8
5	等效磷	图 2-2	3.2
6	等效钾	图 2-2	3.6
7	需要使用动物粪尿作为肥料的作物		Corn
8	往年单产（吨 / 公顷）		7.5
9	氮需求，每千克作物所需速效氮的千克数		—
10	作物总需氮量（千克 / 公顷）（第 9 行乘以第 8 行）	图 2-3	165
11	施肥中氨态氮挥发量（%）	图 2-4	5%
12	土壤中往年氮残留量（千克速效氮 / 公顷）		0
13	总作物需氮量 - 往年氮残留量（千克 / 公顷）	（L10 - L12）	165
14	有机氮矿化因素	图 2-6	0.35
15	粪样中有机 N × 有机氮矿化因素（千克氮 / 吨）	（L4 × L14）	0.98
16	第一年作物可利用的速效氮总量（千克氮 / 吨）	[（100% - L11）× L3] +L15	6.3
17	磷的需求量，每千克作物所需的公斤有效磷		—
18	作物对于磷的需求，千克 / 公顷（磷需求 × 作物单产）	图 2-3	53
19	固磷施肥法的磷的施用量（吨 / 公顷）	（L18/L5）	16.6
20	在此施肥量下所需的土地面积（公顷）	（L1/L20）	95.7
21	氮的施用量（千克有效氮 / 公顷）	（L20 × L16）	104.3
22	氮的过施量（+）或不足量（-）（千克 / 公顷）	（L13 - L21）	-60.7
23	作物对于钾的需求量	图 2-3	143
24	钾的施用量（千克 / 公顷）	（L20 × L6）	59.6
25	钾过施量（+）或不足量（-）（千克 / 公顷）	（L24 - L25）	-83.4
26	第二年土壤中氮残留量（千克 / 公顷）	（L15 × L19）/2	8.1
27	第三年土壤中氮残留量（千克 / 公顷）	L26/2	4.0

附表 2-3　预估粪尿施用量规划表 – 氮限量施肥法

1000 个猪栏位，液态系统，表施和浅耕施用于小麦 / 玉米轮作，预计小麦和玉米的单产各为 6 吨 / 公顷（手册中的示例 3）

序号		畜禽种类：1000 猪栏位（育肥育成猪）	
1	一年内动物粪尿总产量（1 单位 =1 立方米或 1 吨）		1588
	实验室粪样检测结果（千克 / 吨）	图 2-2	
2	总氮	图 2-2	8.4
3	氨态氮	图 2-2	5.6
4	有机氮	（L2 – L3）	2.8
5	等效磷	图 2-2	3.2
6	等效钾	图 2-2	3.6
7	需要使用动物粪尿作为肥料的作物		小麦 / 玉米
8	往年单产（吨 / 公顷）		6
9	氮需求，每千克作物所需速效氮的千克数		—
10	作物总需氮量（千克 / 公顷）（氮需求 × 作物单产或第 9 行乘以第 8 行）	图 2-7	300
11	施肥中氨态氮挥发量（%）	图 2-4	5%
12	土壤中往年氮残留量（千克速效氮 / 公顷）		0
13	总作物需氮量 – 往年氮残留量（千克 / 公顷）	（L10 – L12）	300
14	有机氮矿化因素	图 2-6	0.35
15	粪样中有机氮 × 有机氮矿化因素（千克氮 / 每吨粪尿）	（L4 × L14）	0.98
16	第一年作物可利用的速效氮总量（千克 / 每吨粪尿）	[（100% – L11）× L3]+L15	6.3
17	氮的施用量（吨 / 公顷）	（L13/L16）	47.6
18	在此施肥量下所需的土地面积（公顷）	（L1/L17）	33.4
19	磷的施用量（千克 / 公顷）	（L5 × L17）	152.4
20	作物对于磷的需求量（千克 / 公顷）	图 2-7	105
21	磷的过施量（+）或不足量（-）（千克 / 公顷）	（L19 – L20）	47.4
22	钾的施用量（千克 / 公顷）	（L6 × L17）	171.4
23	作物对于钾的需求量（千克 / 公顷）	图 2-7	279
24	钾过施量（+）或不足量（-）（千克 / 公顷）	（L22 – L23）	-107.5
25	第二年土壤中氮残留量（千克 / 公顷）	（L15 × L17）/2	23.3
26	第三年土壤中氮残留量（千克 / 公顷）	L25/2	11.7

附表 2-4 预估粪尿施用量规划表 - 磷限量施肥法

1000 个猪栏位，液态系统，表施和浅耕施用于小麦 / 玉米轮作，预计小麦和玉米的单产各为 6 吨 / 公顷
（手册中的示例 4）

序号	畜禽种类：1000 猪栏位（育肥育成猪）		
1	一年内动物粪尿总产量（1 单位 =1 立方米或 1 吨）		1588
	实验室粪样检测结果（千克 / 吨）		
2	总氮	图 2-2	8.4
3	氨态氮	图 2-2	5.6
4	有机氮	（L2 - L3）	2.8
5	等效磷	图 2-2	3.2
6	等效钾	图 2-2	3.6
7	需要使用动物粪尿作为肥料的作物		小麦 / 玉米
8	往年单产（吨 / 公顷）		6
9	氮需求，每千克作物所需速效氮的千克数		—
10	作物总需氮量（千克 / 公顷）	图 2-7	300
11	施肥中氨态氮挥发量（%）	图 2-4	5%
12	土壤中往年氮残留量（千克速效氮 / 公顷）		0
13	总作物需氮量 - 往年氮残留量（千克 / 公顷）	（L10 - L12）	300
14	有机氮矿化因素	图 2-6	0.35
15	粪样中有机 N × 有机氮矿化因素（千克氮 / 吨）	（L4 × L14）	0.98
16	第一年作物可利用的速效氮总量（千克氮 / 吨）	[（100% - L11）× L3]+L15	6.3
17	磷的需求量，每千克作物所需的公斤有效磷		—
18	作物对于磷的需求，千克 / 公顷（磷需求 × 作物单产）	图 2-7	105
19	固磷施肥法的磷的施用量（吨 / 公顷）	（L18/L5）	32.8
20	在此施肥量下所需的土地面积（公顷）	（L1/L19）	48.4
21	氮的施用量（千克有效氮 / 公顷）	（L20 × L16）	206.7
22	氮的过施量（+）或不足量（-）（千克 / 公顷）	（L13 - L21）	-93.3
23	作物对于钾的需求量（千克 / 公顷）	图 2-7	279
24	钾的施用量（千克 / 公顷）	（L20 × L6）	118.1
25	钾过施量（+）或不足量（-）（千克 / 公顷）	（L23 - L24）	-160.9
26	第二年土壤中氮残留量（千克 / 公顷）	（L15 × L19）/2	16.1
27	第三年土壤中氮残留量（千克 / 公顷）	L26/2	8.0

附表 2-5 预估粪尿施用量规划表 – 氮限量施肥法

1000 个猪栏位，液态系统，表施和浅耕施用于玉米，预计单产 7.5 吨/公顷

序号	畜禽种类：1000 猪栏位（育肥育成猪）		
1	一年内动物粪尿总产量（1 单位 =1 立方米或 1 吨）		3176
	实验室粪样检测结果（千克/吨）		
2	总氮	图 2-2	4.2
3	氨态氮	图 2-2	2.8
4	有机氮	（L2 − L3）	1.4
5	等效磷	图 2-2	1.6
6	等效钾	图 2-2	1.8
7	需要使用动物粪尿作为肥料的作物		玉米
8	往年单产（吨/公顷）		7.5
9	氮需求，每千克作物所需速效氮的千克数		--
10	作物总需氮量（千克/公顷）（氮需求 × 作物单产或第 9 行乘以第 8 行）	图 2-3	165
11	施肥中氨态氮挥发量（%）	图 2-4	5%
12	土壤中往年氮残留量（千克速效氮/公顷）		0
13	总作物需氮量 − 往年氮残留量（千克/公顷）	（L10 − L12）	165
14	有机氮矿化因素	图 2-6	0.35
15	粪样中有机氮 × 有机氮矿化因素（千克氮/每吨粪尿）	（L4 × L14）	0.49
16	第一年作物可利用的速效氮总量（千克/每吨粪尿）	[（100% − L11）× L3]+L15	3.15
17	氮的施用量（吨/公顷）	（L13/L16）	52.4
18	在此施肥量下所需的土地面积（公顷）	（L1/L17）	60.6
19	磷的施用量（千克/公顷）	（L5 × L17）	83.8
20	作物对于磷的需求量（千克/公顷）	图 2-3	53
21	磷的过施量（+）或不足量（−）（千克/公顷）	（L19 − L20）	30.8
22	钾的施用量（千克/公顷）	（L6 × L17）	94.3
23	作物对于钾的需求量（千克/公顷）	图 2-3	143
24	钾过施量（+）或不足量（−）（千克/公顷）	（L22 − L23）	−48.7
25	第二年土壤中氮残留量（千克/公顷）	（L15 × L17）/2	12.8
26	第三年土壤中氮残留量（千克/公顷）	L25/2	6.4

附表 2-6 预估粪尿施用量规划表 - 氮限量施肥法

1000 个猪栏位，液态系统，在暖和天气里表施于玉米，预计单产 7.5 吨 / 公顷

序号	畜禽种类：1000 猪栏位（育肥育成猪）		
1	一年内动物粪尿总产量（1 单位 =1 立方米或 1 吨）		1588
	实验室粪样检测结果（千克 / 吨）		
2	总氮	图 2-2	8.4
3	氨态氮	图 2-2	5.6
4	有机氮	（L2 - L3）	2.8
5	等效磷	图 2-2	3.2
6	等效钾	图 2-2	3.6
7	需要使用动物粪尿作为肥料的作物		玉米
8	往年单产（吨 / 公顷）		7.5
9	氮需求，每千克作物所需速效氮的千克数		—
10	作物总需氮量（千克 / 公顷）（氮需求 × 作物单产或第 9 行乘以第 8 行）	图 2-3	165
11	施肥中氨态氮挥发量（%）	图 2-4	25%
12	土壤中往年氮残留量（千克速效氮 / 公顷）		0
13	总作物需氮量 - 往年氮残留量（千克 / 公顷）	（L10 - L12）	165
14	有机氮矿化因素	图 2-6	0.35
15	粪样中有机氮 × 有机氮矿化因素（千克氮 / 每吨粪尿）	（L4 × L14）	0.98
16	第一年作物可利用的速效氮总量（千克 / 每吨粪尿）	[（100% - L11）× L3]+L15	5.2
17	氮的施用量（吨 / 公顷）	（L13/L16）	31.9
18	在此施肥量下所需的土地面积（公顷）	（L1/L17）	49.9
19	磷的施用量（千克 / 公顷）	（L5 × L17）	101.9
20	作物对于磷的需求量（千克 / 公顷）	图 2-3	53.00
21	磷的过施量（+）或不足量（-）（千克 / 公顷）	（L19 - L20）	48.9
22	钾的施用量（千克 / 公顷）	（L6 × L17）	114.7
23	作物对于钾的需求量（千克 / 公顷）	图 2-3	143
24	钾过施量（+）或不足量（-）（千克 / 公顷）	（L22 - L23）	-28.3
25	第二年土壤中氮残留量（千克 / 公顷）	（L15 × L17）/2	15.6
26	第三年土壤中氮残留量（千克 / 公顷）	L25/2	7.8

附表2-7 预估粪尿施用量规划表-氮限量施肥法

1000个猪栏位，液态系统，表施和浅耕施用于玉米，预计单产7.5吨/公顷（手册中的示例7）

序号	畜禽种类：1000猪栏位（育肥育成猪）		
1	一年内动物粪尿总产量（1单位=1立方米或1吨）		1588
	实验室粪样检测结果（千克/吨）		
2	总氮	图2-2	8.4
3	氨态氮	图2-2	5.6
4	有机氮	（L2-L3）	2.8
5	等效磷	图2-2	3.2
6	等效钾	图2-2	3.6
7	需要使用动物粪尿作为肥料的作物		玉米
8	往年单产（吨/公顷）		7.5
9	氮需求，每千克作物所需速效氮的千克数		—
10	作物总需氮量（千克/公顷）（氮需求*作物单产或第9行乘以第8行）	图2-3	165
11	施肥中氨态氮挥发量（%）	图2-4	5%
12	土壤中往年氮残留量（千克速效氮/公顷）		12.8
13	总作物需氮量-往年氮残留量（千克/公顷）	（L10-L12）	152.2
14	有机氮矿化因素	图2-6	0.35
15	粪样中有机N×有机氮矿化因素（千克氮/吨粪尿）	（L4×L14）	0.98
16	第一年作物可利用的速效氮总量（千克/吨粪尿）	[（100%-L11）×L3]+L15	6.3
17	氮的施用量（吨/公顷）	（L13/L16）	24.2
18	在此施肥量下所需的土地面积（公顷）	（L1/L17）	65.7
19	磷的施用量（千克/公顷）	（L5×L17）	77.3
20	作物对于磷的需求量（千克/公顷）	图2-3	53.0
21	磷的过施量（+）或不足量（-）（千克/公顷）	（L19-L20）	24.3
22	钾的施用量（千克/公顷）	（L6×L17）	87.0
23	作物对于钾的需求量（千克/公顷）	图2-3	143.0
24	钾过施量（+）或不足量（-）（千克/公顷）	（L22-L23）	-56.0
25	第二年土壤中氮残留量（千克/公顷）	（L15×L17）/2	11.8
26	第三年土壤中氮残留量（千克/公顷）	L25/2	5.9

三、在中国推广粪肥还田的注意事项

本手册中的几个例子均是针对几种特定种植方式，解释说明实现零排放猪粪施肥量的计算方法。其中简单地介绍了氮限量施肥法与磷限量施肥法，及如何将这两种方法用于中国比较常见两种种植方式。本手册还介绍了猪粪在稀释时和氮因挥发率而发生量变时，以及将土壤里的氮残留考虑在内的情况下，施肥量如何发生相应变化。再次强调，本手册里提到的数据不能直接用于您的猪场经营与作物种植！准确计算零排放施肥量的唯一方法是根据您的具体情况，按照本手册介绍的方法进行规划及操作。

自美国于 2003 年开始在全国确立实行零排放标准以来，养殖户与农场主们经过不断探索，总结了相关经验，本手册主要介绍了如何利用这些在美国广泛使用的方法来计算遵守零排放标准并利用粪肥还田猪粪肥的施用量。想要快速高效地在中国推广这些方法，必须具备以下几个条件。其中，关键的一步是建立一个完备的体系，方便检测畜禽粪肥样品（此处指未经处理的），获得粪肥中的养分含量指标及其他相关要素，并及时将这些数据反馈给养殖户。其次，为确保将粪肥快速与高效地用于土地，需要研发大小适宜的机械设备，用于猪粪的运输与还田施肥，及协助创业者提供定制化还田施肥服务；最后，制定翔实完备的定制化养分管理规划是十分复杂的工作，对于终日忙于照顾牲畜的养殖户与种植作物的农民来讲，无暇分散精力，因此建立相应的咨询服务行业，帮助农民与养殖户制定具体有效的规划，在充分利用猪粪价值的同时又确保水资源得到保护。

政策支持可以在促进粪肥还田发挥重要作用。当前法规的措辞使得当地环保官员认为粪肥在还田前必须经过城市污水处理并达到排放标准。因此，这些条例导致畜禽养殖者投入大量金钱在消除有价值的养分和有机物的过程上。这是花钱来降低粪便的养分价值。修订法规以阐明何时及如何将粪肥施用于土壤将大大促进在中国实施粪肥还田。

目前为止，中国还没有建成完备的专门实验室体系，也没有实验室提供粪浆（未经稀释或处理）检验服务，养殖户也很难接触这样的实验室。因此，这是中国目前制约农民采用零排放粪肥还田替代化肥的重要障碍。但是，可以通过很多方法在中国建立这样的实验室网络体系，这也与当局决策者鼓励推广施粪于田的目标相符。中国政府目前正在制定针对粪肥样品的检验标准，鼓励研发便民且标准化的实验设施，这不仅可以使养殖户及时准确地获取畜禽粪肥中的养分含量，使粪肥得到最大化利用，同时也可以为农村的大学生提供好的就业岗位，助力乡村振兴。

研发配套的机械设备用于粪浆运输与还田，在中国同样应该不是一个难题。20 世纪 90 年代，小麦收割的机械化在中国得到快速推广，证明粪肥还田的机械化在中国同样可以实现。对于部分养殖户而言，猪场附近就有大片农田需要粪肥，这种情况下，可以直接利用大型进口机械设备施肥。但是对于附近都是小规模农户的猪场而言，大型的施肥机械就不适用了，使用小型施肥机更为高效便捷。笔者看到过一些施肥机或许在中国适用，同时也期望中国可以研发合适型号的施肥机，还期望企业家们可以提供猪粪代施服务，与养殖户或农民签订承包合同，快速高效地把粪肥还田，这样不仅可以减少污染物排放，还可以最大化利用猪粪的价值，减少臭味扩散，这与在中国推广小麦收割机械化和美国粪肥还田的情况类似，同时也会为农村受高教育人群提供就业岗位。

最后，制定翔实的养分管理规划对于经营猪场（甚至对于不使用猪粪的作物种植方式）来说，是确保淡水资源得到保护与猪粪养分得到充分利用的最好方式。制定方案十分复杂，需要具备专业知识，通常也是多数农民与养殖户并不擅长的领域。鉴于此，可以为大型猪场与农场制定切实养分管理方案的咨询行业，是解决这类问题最有效的方式。同样，这些企业不仅协助制定养分管理方案，实现环境保护与作物增产增收，还为乡村受教育人群提供就业机会。

总之，发展上述行业，推进粪肥还田，在农村创造收入不错的就业机会，这也是当前中国政府的工作重点之一。的确，围绕猪粪价值的科学评估、管理与应用，可以建立一个全新的产业。这在美国已实现，中国没有理由不会形成这样的产业。事实上，因为中国大部分地区农户耕地面积较小，在中国建立这样的产业比美国更为合适，在美国，超大农场的农场主通常在自己的农场里就完成了这些工作。

除了在农村创造就业机会以外，使用粪肥代替化肥还有其他积极意义。可以减少养殖户为使畜禽粪尿达到排放标准进行相关处理的成本；为农民提供与化肥同等养分的同时，还提供了化肥不具备的其他优势——畜禽粪便中含有多种微量元素与有机物可以促进作物生长。粪便中的有机物与微生物也可以增加土壤的生物活性，提高肥力，改善土质。另外，有机物可以加强作物的固碳能力，减少大气中的二氧化碳，因此有助于减少温室气体排放。同时，土壤中的大量有机物质可以增加土壤的吸水与蓄水能力，减少土壤流失。这些都是目前中国政府的工作重点。

总之，建立完备的体系使粪肥还田，可以帮助中国实现畜牧业与农业长期可持续性发展。作为中国畜牧业饲料原料的供应商，美国谷物协会的玉米、高粱与大麦农场主会员们都愿意协助中国实现上述目标，也期待和中国业界同人分享我们实现上述目标的经验。

第三章 典型案例

美国猪场"零排放"还田利用案例

本手册选用了来自艾奥瓦州、俄亥俄州、伊利诺伊州的三个规模猪场的猪粪还田利用的案例。

案例一：俄亥俄州猪场

该猪场位于俄亥俄州，以家族经营的方式运营，自1906年至今，已经传承至第四代。猪场占地约4500英亩（约合27300亩），即以住房为圆点，方圆25英里（1英里≈1.61千米）的范围皆属于猪场（图3-1）。

图 3-1 猪舍

猪场还种植了1750英亩玉米、2250英亩大豆及500英亩软红冬麦。主要以玉米/大豆轮作为主，也有一些农田采用玉米/大豆/小麦轮作的方式。7月小麦收获之后，是极佳的猪粪施肥期。农场主的父亲虽已81岁，仍然参与农场日常经营活动，也会操作农机设备。但多数工作由农场主与其三个儿子来做。另外，在播种与收获期间，农场主的表兄弟和一些亲戚也会前来帮忙（图 3-2）。农场的麦秸，经过打捆以后，会卖给一家园林公司。另外还有 400 英亩的玉米卖给当地的奶牛场用于制作玉米青贮。

生猪养殖概述

猪场有 3 个断奶仔猪至出栏猪的猪舍，有 7800 个猪栏位。猪舍每年可产出两批肥猪，即每年约出栏 15000 头肥猪。该猪场的仔猪全部外购，他们与一家母猪场签有协议，由母猪场负责提供仔猪，并可在一周内提供一个猪舍所需仔猪。猪场也有"合同制"服务，即他们负责提供猪舍、相关设施、人工与粪肥管理服务。而其他猪场提供生猪和饲料，必要时还提供药物。饲料配方由他们合作的猪场决定，他们会从当地农民手中购买玉米。而农场主可以选择把玉米卖给他们，若市场价格更高，也可以卖给别人。

图 3-2　农场主家族合影

猪粪管理概述

猪场的猪舍下有一个 8 英尺深的水泥式深坑，可储存 16 个月的猪粪。猪场之所以选择这种深坑式的，而不是建在猪舍外面的氧化塘，是因为这样可以减少外部的水渗入储粪坑。每年在施肥会从每个猪舍取一次粪样进行检测。粪样检测值可在明年施肥时作为参考。每年的粪样分析变化不大。如下图所示。

农场主会根据土壤条件决定何时施肥。如果农田冻结，或被冰雪覆盖，或是过于潮湿，都不适合施肥，因为猪粪或许会径流至土壤表面。同时我们会关注天气预报，确保在施肥时，或是刚施粪完毕，不会有降水。

猪场通过计算接下来两季作物需要多少磷与钾来规划该施用多少的猪粪还田，以这种方式施肥的话，每2~3年施肥一次，而不是每年一次。同时猪场还使用俄亥俄州农业部提供的一张表单来测算施肥量。这张表单涉及土壤检验和粪样检测，从而确定施肥量。

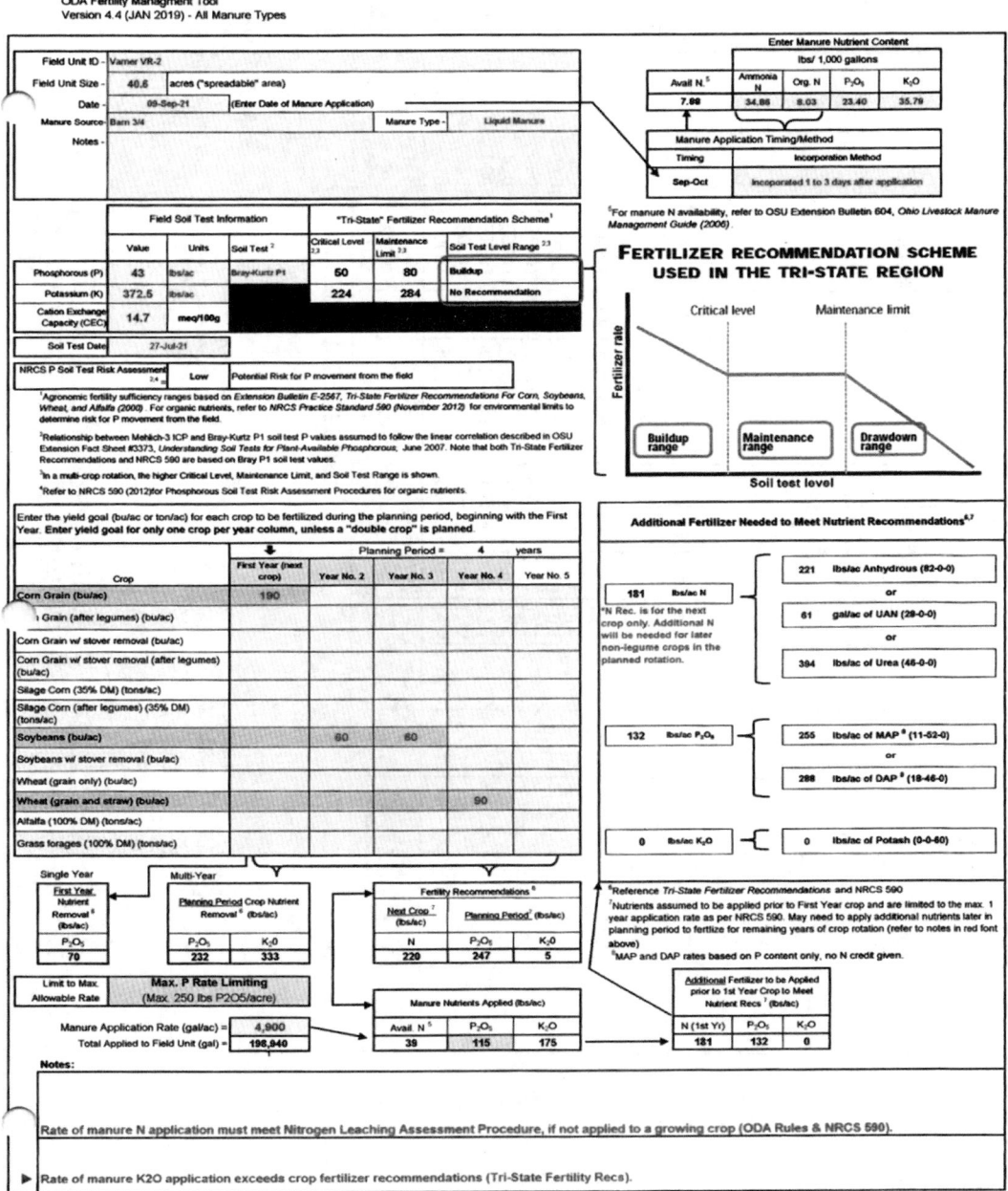

施肥量测算表格

Report Number: F21204-0110
Account Number: 31522/31502

To: GLANDORF WAREHOUSE INC GPS
9483 ROAD 13
OTTAWA, OH 45875-9463

Attn: LEO SCHROEDER

For: VENNEKOTTER
Farm: VARNER
Field: V-2

Date Received: 7/23/2021
Date Reported: 7/27/2021

SOIL TEST REPORT

Sample ID	Lab Number	Organic Matter %	Phosphorus Bray-1 Equiv lb/A	Potassium K lb/A	Magnesium Mg lb/A	Calcium Ca lb/A	Soil pH	Buffer pH	Cation Exchange Capacity meq/100g	Cation Saturation %K	%Mg	%Ca	%H	Sulfur S lb/A	Zinc Zn lb/A	Manganese Mn lb/A	Iron Fe lb/A	Copper Cu lb/A	Boron B lb/A
1	15619	4.7	52 M	344 H	710 H	3000 L	6.0	6.7	14.5	3.0	20.4	51.7	24.8						
2	15620	3.9	56 M	480 VH	770 H	3000 L	6.2	6.8	13.7	4.5	23.4	54.6	17.5						
3	15621	5.2	46 M	376 H	900 H	3100 L	5.8	6.7	15.6	3.1	24.1	49.7	23.1						
4	15622	4.8	32 L	316 M	850 H	3500 L	6.1	6.7	16.3	2.5	21.7	53.7	22.1						
5	15623	4.3	42 M	362 H	830 H	3100 M	6.3	6.8	14.1	3.3	24.6	55.1	17.1						
6	15624	4.9	54 M	406 H	770 H	3500 M	6.8	6.9	14.9	3.5	21.6	58.8	16.1						
7	15627	4.2	46 M	438 H	790 H	3800 M	6.5	6.9	14.6	3.9	22.6	65.3	8.2	10 L	5.8 L				
8	15628	3.1	16 VL	258 M	1200 VH	2600 L	6.2	6.8	14.2	2.3	35.1	45.7	16.9						

Composite SSC: 1,2,3,4,5,6,7,8;

VL = VERY LOW   L = LOW   M = MEDIUM   H = HIGH   VH = VERY HIGH

Report reviewed and approved by our professional agronomy staff.

Page: 1 of 1

a&lgreatlakes LABORATORIES
Scientists who don't mind getting dirty.™

3505 Conestoga Dr.
Fort Wayne, IN 46808
260.483.4759
algreatlakes.com

土壤检测报告

猪粪施肥时机，首选是夏小麦收割之后，此时土地最干燥；其次是秋季大豆收获之后，来年的玉米最需要猪粪；再次，也是最困难的时候，是在玉米生长期间施肥，需要在玉米 V3 期（第三叶完全展开，此时玉米的生长点仍在地下）完成施肥。优势在于可以提供玉米生长所需要的氮。

猪粪通过一个 6 英寸的软管从猪舍下的深坑泵到农田。但软管的最远运输距离为 2 英里，因此猪舍 2 英里范围内能使用这种方式，2 英里范围以外的农田施肥需要使用罐车。在施肥前，需要搅拌深坑。

注意：搅拌时，会散发出致命沼气！搅动时，若不注意通风，会导致生猪或工作人员死亡。

猪场有抽粪泵、软管和还有施肥机。如果需要把猪粪运到超过 2 英里以外的农田时，猪场会租用罐车。绝大多数猪粪用于他们的农田，邻居也有偿使用了一小部分猪粪，价格一般是每加仑 0.75～1 美分，主要取决于邻居农田与猪舍之间的距离。农场每 3 年检测一次土壤样本。猪粪一般含磷较高，使用猪粪可以满足作物对磷的需求。另外，农场会根据土壤检测结果与作物对养分的需求，额外购买一些钾肥与氮肥。

在施肥时，生猪养殖场与农场主应该注意的问题还包括控制猪粪的气味。当然有些邻居不在乎猪粪的气味。若深耕施用猪粪，可以减少气味传播。另外，施肥之前，应该先和邻居打招呼。

猪场雇用了一个农作物专家，帮助检测土壤和猪粪，并帮助计算施肥量。还帮助计算除草剂与农药的使用量。该猪场地处伊利湖流域，该湖夏季有大量水藻。这也是猪场不在土地冰冻或是冰雪覆盖农田时施肥的原因，因为担心猪粪会渗入湖区，造成污染。另外，猪场还经常检测土壤，将磷控制在合理的范围，以防造成环境污染的恐慌。

猪粪与化肥各自的优势与不足

猪场尽量利用猪粪的养分，减少购买化肥。同时猪粪含有有机物质与一些微量元素，这都是化肥所不具备的。猪粪的不足之处在于，施肥需要抓紧时机，还要处理猪粪分中的水分，而使用干燥的化肥会方便很多。在一些离猪舍较远的农田，使用奶牛场的粪便代替化肥，以减少购买化肥的数量。

案例二：艾奥瓦州猪场

该猪场位于艾奥瓦州东北部，靠近迪科拉市，猪场传承了五代，可以追溯至 19 世纪 60 年代。农场占地约 3000 英亩，主要种植玉米及少量苜蓿，玉米—玉米轮作。农场由农场主本人、其兄弟与侄子共同经营。在春季与秋季农忙时节，其父亲会来帮忙，同时也会雇用一些临时工。

农场共有 12 个猪舍，有自有的，也有租赁的猪舍。有 21000 个猪栏位，每年出栏约 40000 头猪。这是一个断奶仔猪到出栏猪的育肥猪场,猪场与一个距离他们 40 英里远的母猪场签订合同,并在该母猪场外购 22 天左右的仔猪。该猪场还雇用一个工人饲养这些猪,并签订委托饲养的协议,他们按照一个猪栏位支付这个工人费用。猪场用自己的玉米作饲料或是将玉米与其他饲料混合,因为多数情况下,用自己种的玉米比在市场上购买玉米要省钱。另外,农场还从当地的榨油厂购买豆粕及从酒精厂购买 DDGS 等。该猪场还与两家营养公司有合作关系,由他们帮助猪场决定饲料配方。此外,在猪场还有自己的饲料厂。

所有猪舍的下面都建有水泥浇筑的深坑,用于收集猪粪浆。在施肥之前,他们通常会先检测猪粪,在玉米收获以后及土地条件适宜的情况下,再将猪粪还田。一般通过检测土壤及测算作物的养分需求,再决定施用多少猪粪。猪场有一个养分管理计划,通常是基于土壤检测结果及作物预估产量,以确定具体的粪肥施用量。猪场在施用粪肥于玉米时会很严格,因为猪粪中含有大量的氮,与其他作物相比,玉米需要更多的氮。猪场雇用了一家当地的粪肥代施公司,通过软管或施肥机还田。该猪场所有的猪粪都还田,也会使用商业化肥。但有些猪场会把猪粪销售给种植户。猪场觉得同化肥相比,猪粪可以增加土壤中的有机物质。但在猪粪施用过程中,人们普遍会担心气味问题。因此在施肥过程中,农场主会考虑风向与当日气温,以避免猪粪气味对邻居造成影响。猪场与农学家联手制定了施肥计划,首先检测土壤养分含量,计算作物对养分需求量,从而测算出满足作物生长的施肥量。虽然猪场附近并没有淡水体系,但还是做到了将猪粪中的所有养分都被农田吸收,继而被作物吸收利用,并未进入供水体系。同化肥相比,猪粪的价值在于它可以通过增加土壤中的有机特来改善土质。农场主表示,如果市场上有猪粪供应,那么即使自己没有猪场与猪粪,也会选择购买猪粪施肥。两种最主要的施肥方式是通过软管与罐车将猪粪还田。在土地比较湿润的情况下,罐车会把土地压实,因此农场应尽量少用罐车运输猪粪。

案例三:伊利诺伊州猪场

马克·威尔逊是这家猪场的所有者,猪场位于美国伊利诺伊州土伦县(Toulon)附近,他们家世代经营这个猪场,如今已经是第七代了。自 1856 年,他们就拥有这个猪场了。农场有约 1000 英亩土地,其中 600 英亩种植玉米,其余 400 英亩种植大豆,且一直以来基本保持玉米—大豆这个轮作比例,然后第二年种植一些玉米。农场雇用了全职工人,在种植与收获时节再另外雇用 3 个临时工。

该猪场为另一家距此约 65 英里的农场代养生猪。仔猪约 40 磅(即约 18 千克),饲养至 280 磅(254 斤)出栏。猪场有三个猪舍,可饲养 2400 头左右的生猪,每年可以销售 5000 头。基于猪场固定的猪栏位,猪场收益基本也都是固定的。农场有自己的饲料厂，可以加工和混合饲料。生猪的所有人按吨向该猪场支付饲料的费用，并且购买所有饲料原料，包括玉米（玉米主要来自该农场）。饲料配方是由一个饲料厂的销售人员负责。

猪场有两个水泥浇筑的储粪池，一个是地面的储粪池，可储存560000加仑（1加仑约合3.8升）猪粪，另一个在猪舍下方，可以储存约500000加仑猪粪。地面的储粪坑凭借较低的地势，通过管道收集两个猪舍的粪浆，这两个猪舍下面有约3英尺的浅坑，每两周拔塞一次，将粪浆排入地面的储粪池。猪场每两年检测一次猪粪以了解其中的养分是否发生变化。猪舍下面储粪池因为没有雨水渗入，其养分含量远高于地面的储粪池。因为储粪池不能容纳全年的猪粪，所以每年会分两次把猪粪还田。春季一次，只要土地变得干燥，车辆不至于把土地压实，就开始施肥；秋季，地表温度低于56华氏度（约13摄氏度）时，不会造成氮流失，此时将大量猪粪还田。施肥的标准是最大化地满足未来两年种植玉米时对氮的需求量。

农场主会将猪粪与大豆根茬（作为肥料）一起用于玉米地施肥，经过测算每英亩需要约190个单位的氮，即每英亩土地需要8000加仑地面储粪坑中的猪粪，或是需要6000加仑猪舍下面储粪坑的猪粪。这个施用量加上18个单位的氮足以满足来年及下一年度玉米生长所需要的氮总量。猪粪中磷与钾的含量也足以满足2年玉米与1年大豆生长期的需求，这是猪场三年为一个周期施肥的原因。农场有容量为6500加仑的开沟施肥机，这样猪粪中的氮就不会挥发在空气中。此外，农场还配有一台抽粪泵，在施肥前可伸入到储粪坑中，搅拌粪浆，使猪粪得以充分搅匀。正如前面所言，农场采用3年作为一个施肥周期，因此这450英亩的农田可以大致分为三部分，每部分（即150英亩）所需猪粪各有不同。因为猪粪提供了足够的养分，所以在这450英亩农田中，无需施用额外的磷肥与钾肥，只需在第二年的玉米作物中施用少量的氮，而在第一年的玉米作物中无需施用额外的氮。在秋季施肥过程中，会使用氮肥稳定剂，这样在潮湿的环境中，氮在土壤中不会挥发。对于没有采取3年一个施肥周期的农田（主要是因为这些农田离猪舍很远，将猪粪运输到农田成本过高），会使用化肥。因为猪场使用自己猪舍的猪粪来代替化肥，每年可节省几千美元。今年，考虑到氮、磷、钾的价格，若按照化肥价格计算，猪场的粪肥约值140000美元。

当然使用猪粪也有弊端，主要在于：1）气味；2）需要在春秋两季花费很多时间将猪粪还田；3）大型施肥车会压实土地。该猪场有聘请顾问帮助测算每个产季需要施用多少猪粪。因为猪场不靠近任何大型水系，且猪场的规模很小，因此无需制定《养分管理方案》（NMP）。